Inhaltsverzeichnis

Carolin Gebauer

Verpackungslos Einkaufen mit Bulk Shopping

Vorteile, Schwierigkeiten und Zukunftschancen der neuen Trendbewegung

Bibliografische Information der Deutschen Nationalbibliothek:

Die Deutsche Nationalbibliothek verzeichnet diese Publikation in der Deutschen Nationalbibliografie; detaillierte bibliografische Daten sind im Internet über http://dnb.d-nb.de abrufbar.

Impressum:

Copyright © ScienceFactory 2018

Ein Imprint der Open Publishing GmbH, München

Druck und Bindung: Books on Demand GmbH, Norderstedt, Germany

Covergestaltung: Open Publishing GmbH

Abbildungsverzeichnis

1 Hinführung zur Thematik

1.1 Aktuelle Situation

37,6 Millionen Tonnen Abfälle entstanden im Jahr 2014 in deutschen Haushalten. Das entspricht einem Durchschnitt von 462 Kilogramm Müll pro Kopf.[1] Bei den kommunalen Abfällen, den sogenannten Siedlungsabfällen, zu denen neben dem Haushaltsmüll auch vergleichbarer Müll aus Gewerbe und Industrie sowie Verpackungsmüll zählt, lag Deutschland im Jahr 2013 mit 617 Kilogramm Müll pro Einwohner etwa 130 Kilogramm über dem Durchschnitt der Europäischen Union. Damit gehört Deutschland zu den größten Müllverursachern in der EU. Lediglich Dänemark, Luxemburg und Zypern produzieren noch mehr Müll.[2] Allerdings ist im Vergleich zu anderen EU-Ländern die Abfallentsorgung hierzulande auf einem sehr hohen Niveau. Durch die strenge Gesetzgebung und die modernen Techniken gelingt es in Deutschland, den Großteil des anfallenden Mülls zu verwerten.[3] Ein Hauptproblem ist jedoch der Müll, der durch Verkaufsverpackungen wie zum Beispiel Papier, Pappe, Kartonagen, aber auch Aluminium, Glas und Kunststoffe entsteht. Vor allem Plastik stellt eine enorme Herausforderung für die Sortieranlagen dar, denn „Plastik ist nicht gleich Plastik: Um die verschiedenen Sorten recyceln zu können, müssen sie sorgfältig sortiert werden, was immer schwieriger wird"[4]. Der Grund dafür ist, dass herkömmliche Plastikhüllen immer öfter durch leichtere Verbundmaterialen ersetzt werden, wodurch diese für die Sortieranlagen nicht mehr so leicht zu unterscheiden sind. Selbst modernste Anlagen schaffen höchstens eine Reinheit von 46%. Der Rest wird verbrannt oder als minderwertiger Mischkunststoff zusammengeschmolzen, der letztendlich als Parkbank oder Lärmschutzwand endet, aber nicht mehr als neue Verpackung wiederverwertet werden kann.[5] Dabei entsteht Verpackungsmüll nicht erst beim Endverbraucher. Bereits bei der Produktion und der Zulieferung fallen große Mengen an Transportverpackungen und Umverpackungen an.[6] Eine Regelung hierfür steht im Kreislaufwirtschaftsgesetz und besagt, dass Erzeugnisse möglichst so zu gestalten

---

[1] Vgl. Statistisches Bundesamt 2015 (online): Pressemitteilung

[2] Vgl. Statistisches Bundesamt o.D. (online): Pressemitteilung

[3] Vgl. Thomé-Kozmiensky 2014: Verfahrenstechniken für das Recycling, S.1

[4] Sywottek 2015: Vom Gelben Sack ins Schwarze Loch

[5] Vgl. Sywottek 2015: Vom Gelben Sack ins Schwarze Loch

[6] Vgl. Probst 2009: Preisverfall auf dem Sekundärrohstoffmarkt, S. 31

sind, „dass bei ihrer Herstellung und ihrem Gebrauch das Entstehen von Abfällen vermindert wird und sichergestellt ist, dass die nach ihrem Gebrauch entstandenen Abfälle umweltverträglich verwertet oder beseitigt werden."[7] Eine Übersicht dazu bietet die Abbildung 1 des Landesamtes für Natur, Umwelt und Verbraucherschutz von Nordrhein-Westfahlen.

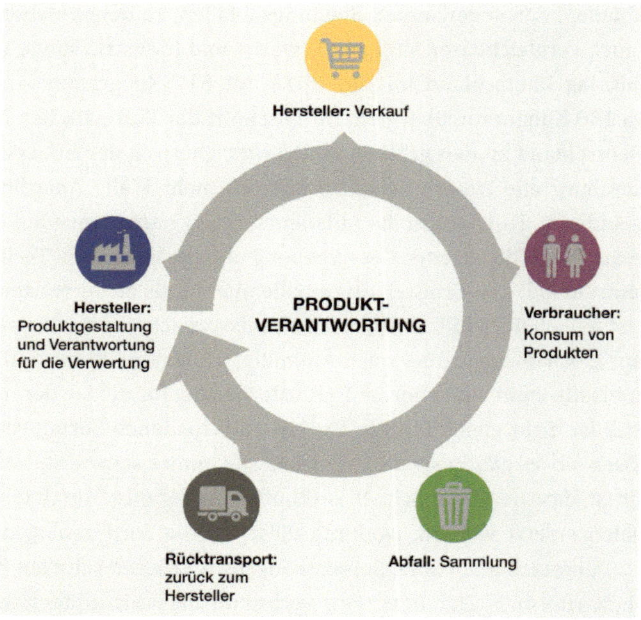

Abbildung 1: Produktverantwortung[8]

In der Verpackungsverordnung vom 12. Juni 1991 wurde mit der „Produkt- bzw. Produzentenverantwortung" die Verantwortung für Verpackungsabfälle von den Kommunen auf die Hersteller der Verpackungen übertragen. Diese gaben wiederum die Verantwortung an Dritte weiter. Seitdem übernehmen privatwirtschaftliche Unternehmen die Entsorgung und Verwertung der Verpackungsabfälle. Trotz aller Regelungen und Auflagen nahm das Verpackungsabfallaufkommen in den letzten Jahren deutlich zu, weshalb das Kreislaufwirtschaftsgesetz stark in der

---

[7]   Kreislaufwirtschaftsgesetz (online): §23 Produktverantwortung, Abs. 1 Satz 2

[8]   Eigene Darstellung in Anlegung an das Landesamt für Natur, Umwelt und Verbraucherschutz Nordrhein-Westfalen (online): Produktverantwortung

Kritik steht.[9] Laut Greenpeace Magazin fließt nur „rund ein Viertel unseres [...] gesammelten Plastikmülls [...] in einen „Kreislauf"".[10] Ein ernstzunehmendes Problem ist auch, dass die Produktverantwortung der Unternehmen häufig beim Design endet und viele Unternehmen aus Gründen der Werbewirksamkeit nicht bereit sind, vollständig auf Verbundstoffe zu verzichten. Eine Verschärfung der Regeln hilft daher nicht.[11]

Eine neue Trendbewegung versucht seit kurzem, dieser Verpackungsabfallproblematik entgegenzuwirken. Dabei geht es darum, beim Einkauf die Waren möglichst unverpackt zu kaufen, um das Abfallaufkommen durch Verpackungsmüll zu reduzieren. Unterstützt wird diese Bewegung dadurch, dass in letzter Zeit in immer mehr Großstädten kleine Läden eröffnen, die Produkte ohne jegliche Art von Einwegverpackung anbieten.[12] Derzeit gibt es in Deutschland rund ein Dutzend solcher Geschäfte, in denen die Lebensmittel in großen Behältnissen gelagert werden.[13] Der Kunde kann sich dann je nach Bedarf die gewünschte Menge in Mehrwegbehälter abfüllen. Diese kann er entweder von zu Hause mitbringen oder vor Ort erwerben. Dadurch soll die Entstehung von Verpackungsmüll verringert werden.[14] Diese Art des Einkaufens ist unter dem Trendbegriff „Bulk Shopping" bekannt.[15]

Im Verlauf dieser Arbeit werden zunächst die Funktionen von Verpackungen und deren ökologische Folgen für die Umwelt beschrieben. Anschließend wird der Lebensmittelmarkt in Deutschland analysiert und aktuelle Trends werden vorgestellt. Daraus resultierend wird dann der Begriff „Bulk Shopping" näher erläutert und aufgezeigt, welche Vor- und Nachteile diese Trendbewegung mit sich bringt. Nachfolgend wird dann die Zielgruppe von Bulk Shopping beschrieben, die unter dem Begriff „LOHAS" bekannt ist. Im praktischen Teil der Arbeit wird schließlich mithilfe einer empirischen Untersuchung erforscht, ob Verbraucher bereit sind, ihr Kaufverhalten zu ändern, um Verpackungsmüll zu reduzieren und somit die

---

9   Vgl. Thomé-Kozmiensky 2014: Verfahrenstechniken für das Recycling, S.7
10 Sywottek 2015: Vom Gelben Sack ins Schwarze Loch
11 Vgl. Hülter 2014: Kommunale Wertstoffentsorgung ohne DSD, S.137
12 Vgl. Von Bremen 2015 (online): Hüllenloser Einkauf in Kiel
13 Vgl. zerowastelifestyle.de (online): Verpackungsfreie Supermärkte
14 Vgl. Von Bremen 2015 (online): Hüllenloser Einkauf in Kiel
15 Vgl. unverpackt-einkaufen.de 2015 (online): Was ist Bulk Shopping?

Umwelt zu schonen. Daraus ergibt sich folgendes Thema: Trendbewegung Bulk Shopping – Eine kritische Betrachtung des Trends sowie dessen Zukunftschancen

1.2 Zielsetzung und Relevanz des Themas

Wie bereits erwähnt, nahm das Verpackungsabfallaufkommen in den letzten Jahren stark zu.[16] Besonders der Anteil an Kunststoffen und Plastik ist deutlich gestiegen.[17] Dabei ist gerade diese Art der Verpackung nur schwer zu recyceln, wodurch Entsorgungs- und Recyclingunternehmen immer mehr an ihre Grenzen stoßen. Durch die schlechte Qualität der Rohstoffe und die günstigen Preise bei der Herstellung von neuen Kunststoffen lohnt sich das Recycling finanziell nicht mehr. Deshalb wird ein Großteil der Verpackungen am Ende verbrannt, um daraus Energie zu gewinnen.[18] Das Problem dabei ist allerdings, dass Erdöl, das für die Herstellung von Kunststoffen benötigt wird, ein begrenzter Rohstoff ist, der in absehbarer Zukunft zu Ende gehen wird.[19] In den letzten Jahren ist die Umweltbelastung aufgrund der Verschmutzung durch Plastikabfälle deutlich gestiegen. Besonders betroffen sind die Weltmeere, in denen jährlich rund 6,4 Millionen Tonnen Plastik landen.[20] Mit dieser Problematik befassen sich Bund und Länder schon seit längerem, aber eine angemessene Lösung wurde bisher noch nicht gefunden. Auch der zunächst vielversprechende Biokunststoff ist laut Umweltbundesamt nicht besser als herkömmlicher Kunststoff, da durch den Einsatz von Düngemitteln Böden versauern und Gewässer eutrophieren.[21]

Für die Lebensmittelindustrie haben sich durch die Veränderung der Essgewohnheiten der Verbraucher in den letzten Jahren neue Herausforderungen ergeben. „Lebensmittel müssen heute gleichzeitig preiswert, schmackhaft, qualitätsvoll, sicher, vielfältig, schnell verfügbar und nachhaltig sein."[22] Zudem werden die Wünsche der Kunden immer individueller, woraus neue Marktsegmente wie „Functional Food, vegetarische, vegane, glutenfreie, laktosefreie Produkte, Light-

---

[16] Vgl. Thomé-Kozmiensky 2014: Verfahrenstechniken für das Recycling, S.7

[17] Vgl. Umweltbundesamt 2015 (online): Verpackungsabfälle

[18] Vgl. Sywottek 2015: Vom Gelben Sack ins Schwarze Loch

[19] Vgl. Illinger 2010 (online): Luxusgut Benzin

[20] Vgl. Umweltbundesamt 2013 (online): Meere ohne Plastik

[21] Vgl. Umweltbundesamt 2012 (online): Biokunststoffe nicht besser

[22] Bundesvereinigung der Deutschen Ernährungsindustrie 2015 (online): Jahresbericht 2014_2015, S. 5

und Convenience-Produkte, aber auch Produkte mit besonderen Herkunftsbezeichnungen wie regional, nachhaltig, Fair Trade und Bio"[23] entstanden sind. Für die Hersteller ist es enorm wichtig, Trendbewegungen frühzeitig zu erkennen und ihre Absatzstrategien den Wünschen der Kunden anzupassen, um am Markt bestehen zu bleiben.[24]

Aus diesen Gründen befasst sich diese Arbeit mit dem Thema „Bulk Shopping", das ebenfalls eine neue Trendbewegung in der Lebensmittelindustrie darstellt und sich als Gegenmaßnahme zur Entstehung von Verpackungsmüll entwickelt hat. Dabei ist zu überprüfen, wie Bulk Shopping überhaupt funktioniert, welche Zielgruppe dadurch angesprochen wird und welche Vor- und Nachteile diese Art des Einkaufs mit sich bringt. Außerdem wird mithilfe einer empirischen Untersuchung analysiert, ob Verbraucher bereit sind, ihr Kaufverhalten zu ändern, um nachhaltiger zu handeln und daraus resultierend, ob sich diese Trendbewegung letztendlich durchsetzten kann.

1.3 Aufbau der Arbeit

Der erste Teil (Kapitel 1 bis 3) der Arbeit zeigt die gesellschaftlichen Hintergründe zum Thema auf. Dabei wird zu Beginn die aktuelle umweltpolitische Situation in Bezug auf die Abfallproblematik beschrieben, um die Relevanz des Themas zu verdeutlichen. Anschließend wird allgemein über die Entstehung von Verpackungen berichtet und deren Funktionen und Aufgaben sowie die gesellschaftlichen und ökologischen Folgen, die aus dem Verpackungsmüll resultieren, werden erläutert. Zudem wird im dritten Kapitel ein kurzer Einblick in den deutschen Lebensmittelmarkt gegeben. Es wird auf den aktuellen Wandel der Gesellschaft und die daraus resultierenden Lifestyle- und Trendbewegungen eingegangen, um schließlich auf das Kernthema der Arbeit überzuleiten.

Im vierten Kapitel werden schließlich die theoretischen Rahmenbedingungen dargelegt. Zunächst wird der Begriff "Bulk Shopping" erklärt und anschließend die Entstehung und Entwicklung des Trends aufgezeigt. Es wird beschrieben, wie Bulk Shopping funktioniert und was bei dieser Art des Einkaufens beachtet wer-

---

[23] ebd.

[24] Vgl. Bundesvereinigung der Deutschen Ernährungsindustrie 2015 (online): Jahresbericht 2014_2015, S. 5

den muss. Außerdem werden die Vor- und Nachteile von Bulk Shopping aufgeführt.

Im fünften Kapitel wird dann die Zielgruppe für Bulk Shopping definiert, die unter dem Trendbegriff „LOHAS" bekannt ist. Dabei wird zunächst der Begriff eindeutig erklärt sowie dessen Entwicklung beschrieben. Anschließend werden die Eigenschaften und der Lebensstil dieser Personengruppe genauer erläutert und gezeigt, in welche Sinus-Milieus die LOHAS eingeordnet werden können.

Nachdem die theoretischen Hintergründe für ein besseres Verständnis aufgezeigt sind und die Zielgruppe definiert ist, folgt nun der praktische Teil der Arbeit. Dieser umfasst im sechsten Kapitel die Hypothesenbildung. Als empirischer Hintergrund für die Hypothesenbildung gelten die Ergebnisse aus der Studie „Verpackungsfreie Lebensmittel – Nische oder Trend?", der PricewaterhouseCoopers und die Studie „Nachhaltigkeit beim Kauf von Obst und Gemüse" des Forsa Institutes. Auf Basis dieser Studien und auf Grundlage eigener Erfahrungen werden dann Hypothesen und interessante Fragestellungen abgeleitet, die schließlich durch eine empirische Erhebung untersucht werden. Die Durchführung dieser Erhebung erfolgt dann in Kapitel sieben. Dabei wird folgende Forschungsfrage untersucht: Sind Verbraucher bereit, ihr Kaufverhalten zu ändern, um zu einer nachhaltigeren Konsumgesell-schaft beizutragen und kann sich Bulk Shopping in Deutschland wirklich durchsetzten?

Nachfolgend werden die Ergebnisse der Untersuchung ausgewertet und analysiert. Dabei werden die Ergebnisse zusammengefasst und in übersichtlichen Grafiken dargestellt. Außerdem werden die aufgestellten Hypothesen überprüft. Zum Abschluss der Arbeit folgt ein Fazit, in dem die Forschungsfrage beantwortet und ein Ausblick auf die Zukunft gegeben wird.

2 Verpackungen

2.1 Entstehung und Entwicklung

Verpackungen gibt es schon sehr lange. Bereits in der Steinzeit verwendeten die Menschen Naturmaterialien wie Blätter, Zweige und Nussschalen, um Gesammeltes zu verpacken. Daher gilt das Verpacken als älteste Technik, um Güter zu transportieren oder aufzubewahren. Im Laufe der Jahrtausende wurden durch die Entwicklung der Menschheit und die Entdeckung anderer Kulturen die Verpackungen immer anspruchsvoller. Durch die Industrielle Revolution und die daraus resultierende Massenproduktion ergab sich auch ein großer Wandel in der Verpackungsindustrie. Es wurden Behältnisse entwickelt, die zum Transport und zur Lagerung von Gütern geeignet waren. Zudem gewann immer mehr an Bedeutung, dass die Waren „zur richtigen Zeit am richtigen Ort in der optimalen Qualität zur Verfügung stehen"[25]. Ebenso spielte die Weiterentwicklung der Packstoffe und Verpackungstechnologien eine bedeutende Rolle.

Neben der Industriellen Revolution nahm auch die gesellschaftliche Entwicklung Einfluss auf das Verpackungswesen. Heutzutage konzentriert sich der Lebensraum der Bevölkerung zunehmend auf die Industriezentren. Außerdem nimmt die Berufstätigkeit der Frauen stetig zu, wodurch sich die Familienstruktur deutlich verändert. Es gibt immer kleinere Haushalte und immer mehr Single- und Rentnerhaushalte.[26] Dadurch geht der Trend in Richtung kleinerer Füllgrößen, wodurch die Abfallmenge weiter steigt.[27]

Ein weiterer Einflussfaktor sind die immer länger werdenden Transportwege, die veränderten Lagerverhältnisse sowie die gesetzlichen Richtlinien der Lebensmittelkennzeichnung. Letztendlich führten größerer Wohlstand, der Wunsch nach längerer Haltbarkeit von Lebensmitteln, die Verfügbarkeit von ausländischen Waren sowie die Zeitersparnis durch Fertiggerichte zu zusätzlichen Anforderungen an die Verpackungen. Auch die wettbewerbswirtschaftliche Situation und der

---

[25] Kaßmann 2014: Funktionen von Verpackungen, S.11
[26] Vgl. Kaßmann 2014: Funktionen von Verpackungen, S.11
[27] Vgl. Sywottek 2015: Vom Gelben Sack ins Schwarze Loch

steigende Konkurrenzkampf unter den Lebensmittelanbietern sorgten für starke Veränderungen in der Verpackungsindustrie.[28]

Die Geschichte zeigt, dass zahlreiche Impulse und Erfindungen für die Entwicklung der Verpackungen verantwortlich waren und dadurch zu einem gesellschaftlichen Fortschritt beitrugen.

Folgende Abbildung des Bundesministeriums für Umwelt, Naturschutz, Bau und Reaktorsicherheit veranschaulicht die Entwicklung des Verpackungsaufkommens von 1997 bis 2012.

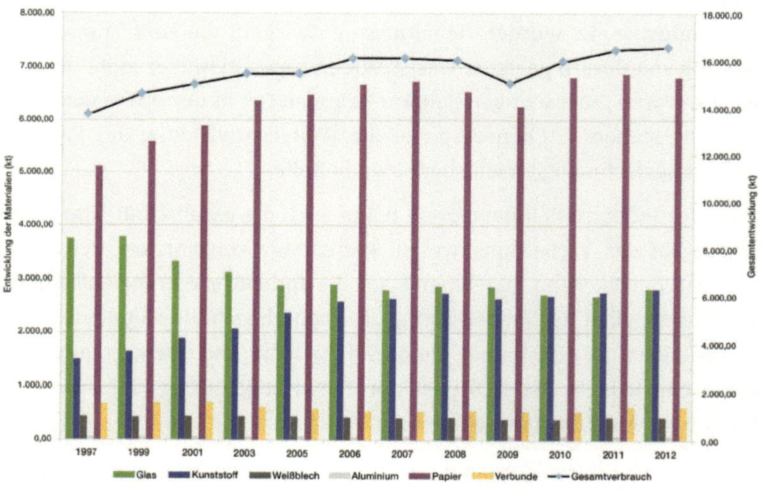

Abbildung 2: Aufkommen und Verwertung von Verpackungsabfällen in Deutschland im Jahr 2012[29]

Es ist deutlich zu erkennen, dass besonders der Anteil an Kunststoffverpackungen über die letzten Jahre hinweg stark zugenommen hat. Waren es 1991 noch rund 1600 Tausend Tonnen an Kunststoffverpackungen, so waren es im Jahr 2012 bereits rund 2800 Tausend Tonnen. Ebenso ist der Anteil an Verpackungen aus Pa-

---

[28] Vgl. Kaßmann 2014: Funktionen von Verpackungen, S.11 - 12

[29] Eigene Darstellung in Anlehnung an das Bundesministerium für Umwelt, Naturschutz, Bau und Reaktorsicherheit (online): Aufkommen und Verwertung von Verpackungsabfällen in Deutschland im Jahr 2012

pier deutlich gestiegen. Rückläufig war dagegen der Anteil an Verpackungen aus Glas. Im Vergleich zu allen anderen Packmaterialien nehmen in dieser Darstellung Papier und Glas den größten Anteil ein. Das liegt allerdings daran, dass hier nach Gewicht (kt) gemessen wurde und nicht nach Stückzahl. Papier und Glas sind grundsätzlich schwerer als Kunststoff, deshalb täuscht die Grafik den Betrachter, indem sie den Eindruck erweckt, dass die meisten Produkte in Papier und Glas verpackt werden. In der Praxis jedoch überwiegen die Kunststoffverpackungen. Diese sind natürlich viel leichter und nehmen dadurch im Gesamtvergleich einen geringeren Anteil ein.[30]

Heutzutage ist so gut wie alles was wir konsumieren in irgendeiner Form verpackt. „Ob Zahnpasta, Kaffee oder geräucherter Lachs: kaum vorzustellen, mit diesen Produkten unverpackt beim Einkauf, Transport oder Gebrauch klarzukommen."[31] Selbst Gurken werden mittlerweile in Folie eingeschweißt, was bei vielen Verbrauchern auf Unverständnis stößt.[32] Trotz allem haben viele der Verpackungen wichtige Funktionen, welche im weiteren Verlauf dieser Arbeit deutlicher beschrieben werden.

2.2 Aufgaben und Funktionen

Durch die Produktion und Bereitstellung von Gütern stellt die Verpackungsindustrie einen starken Wirtschaftsfaktor dar. Hierbei dominiert die Lebensmittelindustrie mit etwa 50% am Gesamtverpackungsverbrauch. Verpackungen werden zum Transport, zur Lagerung und zum Verkauf benötigt.[33] Jede Verpackung erfüllt einen bestimmten Zweck, wobei nach Schutzfunktion, Rationalisierungs- bzw. Handlingsfunktion und Kommunikationsfunktion unterteilt werden kann.

Die Schutzfunktion beinhaltet die Qualitätssicherungs-, Haltbarkeits- und die Hygienefunktion. Dabei ist besonders wichtig, dass die Gut- und Packstoffeigenschaften beachtet werden sowie mögliche Wechselwirkungen, die zwischen dem Produkt und der Verpackung entstehen können. Zum Beispiel erhalten bestimmte Käsesorten erst durch den Einsatz von speziellen Käsereifungsfolien die gewünschte Qualität. Durch die Verpackung wird also sichergestellt, dass die Quali-

---

30 Vgl. Umweltbundesamt 2015 (online): Verpackungen überall
31 Paßmann 2014 (online): Ein Alleskönner zieht die Blicke auf sich
32 Vgl. Sywottek 2015: Vom Gelben Sack ins Schwarze Loch
33 Vgl. Kaßmann 2014: Funktionen von Verpackungen, S. 12

tät des Produktes erhalten bleibt oder sogar verbessert wird. Außerdem kann durch die jeweilige Verpackung die Haltbarkeit von vielen Lebensmittel gewährleistet werden. Je nach Empfindlichkeit und äußeren Einflüssen, die zum Beispiel beim Transport auf das Produkt einwirken, muss die Verpackung darauf abgestimmt werden, um das Produkt vor möglichen Schäden zu schützen.[34] Im Gegensatz dazu gibt es auch Produkte, vor denen man die Umwelt schützen muss, wie zum Beispiel giftige Chemikalien. Hierbei muss die Verpackung gewährleisten, dass sie robust genug ist und die Schadstoffe nicht nach außen gelangen können. Die Schutzfunktion der Verpackung ist vor allem für die Lebensmittelindustrie sehr wichtig, aber auch in der Chemie-, Kosmetik- und Arzneimittelbranche spielt sie eine entscheidende Rolle.[35]

Eine gute Handhabung der Verpackungen ist besonders für Handel und Logistik von großer Bedeutung. Wenn beispielsweise Ladeeinheiten gebildet werden oder es darum geht, den Raum in dem jeweiligen Transportmittel optimal auszunutzen, ist es notwendig, dass die Verpackungen der Produkte einfach zu handhaben sind, um die Ware möglichst effektiv von A nach B zu transportieren.[36] Durch die zunehmende Globalisierung entsteht ein immer größerer Zeit- und Kostendruck, der auf die Transport-, Umschlags- und Lagerungsvorgänge einwirkt und somit ein optimales Handling der Verpackungen voraussetzt. Auch die Rationalisierungsmaßnahmen bei der Produktverpackung sind wichtig, um ein späteres Aus- und Umpacken im Handel zu vermeiden. Aber nicht nur für Logistik und Handel ist das Handling von Bedeutung, auch für den Endverbraucher spielt es eine entscheidende Rolle. Die Verpackungen sollen problemlos zu öffnen und gegebenenfalls wiederverschließbar sein. Außerdem sollen sie dem Verbraucher dabei helfen, das Produkt zu dosieren und Reste optimal zu entleeren.[37]

Neben der Schutz- und der Handling-Funktion von Verpackungen ist die Kommunikationsfunktion nicht außer Acht zu lassen. Eine Verpackung enthält wesentliche Informationen über das Produkt, die für den Verbraucher von Bedeutung sind, wie zum Beispiel Haltbarkeit, Mengenangaben, Inhaltsstoffe oder auch Auf-

---

[34] Vgl. Waldbauer 2009: Verpackungsabfälle im Hausmüll in der Europäischen Union und die Qualität ihrer Erfassung mit Getrenntsammelsystemen am Beispiel der Staaten Deutschland und Frankreich, S. 3

[35] Vgl. Kaßmann 2014: Funktionen von Verpackungen, S. 15 - 16

[36] Vgl. Umweltbundesamt 2015 (online): Verpackungen

[37] Vgl. Kaßmann 2014: Funktionen von Verpackungen, S. 16

bewahrungshinweise.[38] Auf vielen Verpackungen befinden sich unter anderem auch Informationen in Blindenschrift, um möglichst allen Verbrauchern gerecht zu werden. Besondere Bedeutung hat auch die Werbe- und Marketingfunktion von Verpackungen, wodurch die Aufmerksamkeit des Verbrauchers auf das Produkt gelenkt werden soll. Hierbei versuchen Produzenten durch immer ausgefallenere und ansprechendere Verpackungen aus der Masse hervorzustechen.[39]

Zusammengefasst kann also festgehalten werden, dass Verpackungen für den Verbraucher, den Hersteller und das Produkt selbst nützliche Funktionen haben, die unerlässlich sind und vieles einfacher machen. Dennoch sollen in dieser Arbeit auch die Nachteile von Verpackungen beschrieben werden. Deshalb werden im nächsten Abschnitt die gesellschaftlichen und ökologischen Auswirkungen von Verpackungen und besonders dem daraus entstehenden Müll beschrieben.

2.3 Gesellschaftliche und ökologische Auswirkungen

Weltweit werden jährlich rund 250 bis 300 Millionen Tonnen Kunststoffprodukte hergestellt. Das sind etwa einhundertmal mehr als noch vor 50 Jahren. Der Grund dafür ist naheliegend. „Kunststoff besitzt ideale Eigenschaften: er ist kostengünstig in der Produktion, hat ein geringes Gewicht, ist formbar, säure- und hitzebeständig, bruchfest und beinahe universell verwendbar."[40] Deshalb wird Kunststoff sehr oft als Verpackungsmaterial in Form von Flaschen, Folien, Einkaufstüten usw. verwendet. 2,7 Millionen Tonnen dieser Plastikverpackungen werden jedes Jahr allein in Deutschland hergestellt. Der größte Teil davon sind Einwegverpackungen, die nach einmaliger Benutzung entsorgt werden. Einen starken Kontrast stellt dabei die kurze Nutzungsdauer der Verpackung zur Langlebigkeit des Kunststoffmaterials dar, denn der Abbau von Kunststoffen kann mehrere hundert Jahre dauern.[41]

Abbildung 3 des Greenpeace Magazins zeigt beispielhaft, wie lange verschiedene Gegenstände brauchen, um in der freien Natur vollständig zu zerfallen.

---

[38] Vgl. Waldbauer 2009: Verpackungsabfälle im Hausmüll in der Europäischen Union und die Qualität ihrer Erfassung mit Getrenntsammelsystemen am Beispiel der Staaten Deutschland und Frankreich, S. 3

[39] Vgl. Kaßmann 2014: Funktionen von Verpackungen, S. 16 - 17

[40] Schulz 2013 (online): Verpackung und Müllvermeidung, S. 7

[41] Vgl. Schulz 2013 (online): Verpackung und Müllvermeidung, S. 7

MINDESTENS HALTBAR BIS*:

2040 Plastiktüte
2065 Styroporbecher
2165 Wattestäbchen
2415 Sixpack-Ringe
2465 Plastikflasche
2615 Angelschnur

* Jahr, in dem der heute weggeworfene Gegen
stand so weit zerfallen ist, dass er mit bloßem
Auge nicht mehr sichtbar ist

Abbildung 3: Mindesthaltbarkeit von Plastikgegenständen[42]

Die Chemikalien, die im Kunststoff enthalten sind, belasten außerdem unser Ökosystem und unsere Gesundheit. Da nur rund ein Drittel des Plastikmülls recycel-
bar ist, landet der Rest auf Mülldeponien oder in Müllverbrennungsanlagen.[43] Oft
jedoch gelangt der Plastikmüll auch in unsere Umwelt, wo er großen Schaden an-
richtet. Auf dem Land und auf den Meeresböden lagern sich die Plastikpartikel,
die durch die Zersetzung des Materials freigesetzt werden, ab. Dadurch geraten
kleine Teilchen sowie Schwermetalle, toxische Substanzen und Weichmacher in
die Biosphäre und gelangen letztendlich in unsere Nahrungskette.[44] Laut dem Naturschutzbund Deutschland sterben jährlich 100.000 Meerestiere und eine Milli-
on Meeresvögel an den Folgen von Plastikmüll, denn oft halten die Tiere die kleinen Plastikteile für Nahrung und verschlucken diese. Das Plastik, das sich dann im
Magen der Tiere befindet, kann nicht verdaut werden und verstopft deshalb den
Verdauungsapparat. Die Tiere sterben schließlich mit vollem Magen.

Neben den physischen Gefahren lauern allerdings auch unsichtbare Gefahren,
denn Plastik gibt bei seiner Zersetzung gefährliche Inhaltsstoffe wie Bisphenol A,
Phthalate oder Flammschutzmittel frei. Diese gelangen in die Nahrungskette der
Meeresbewohner und verändern dadurch nachhaltig das Erbgut und den Hor-
monhaushalt der Tiere. Durch den Verzehr von Fisch und Meeresfrüchten wie
Muscheln und Krabben können diese Giftstoffe dann wiederum in unserer Nah-

---

[42] Eigene Darstellung in Anlehnung an das Greenpeace Magazin: Mindesthaltbarkeit von Plastikgegenständen, S. 25
[43] Vgl. Schulz 2013 (online): Verpackung und Müllvermeidung, S. 9
[44] Vgl. Umweltbundesamt 2013 (online): Meere ohne Plastik

rungskette landen.[45] Dies kann letztendlich auch gesundheitliche Schäden beim Menschen verursachen, wie zum Beispiel Allergien, Fettleibigkeit, Krebs, Unfruchtbarkeit und Herzerkrankungen.[46] Allerdings nimmt der Mensch die gefährlichen Giftstoffe nicht nur über die Nahrung zu sich. Auch in vielen Kosmetikprodukten wie Zahnpasta, Duschgel und Peeling-Cremes sind oft winzige Plastikkügelchen enthalten. Durch ihre Verwendung gelangen diese über das Abwasser in die Umwelt und letztendlich in das Grundwasser. Aus dem Grundwasser wird wiederum unser Trinkwasser gewonnen, in dem diese Plastikteilchen immer noch enthalten sind.[47]

Die Vielzahl der verschiedenen Produkte und deren Verpackungen haben nicht nur ökologische und gesundheitliche Folgen, auch gesellschaftlich wirken sie auf den Menschen. Laut Psychologe und Bestsellerautor Barry Schwartz ist der Angebotsüberfluss in unserer Gesellschaft mit einigen Nachteilen verbunden. In seinem Buch „Anleitung zur Unzufriedenheit – Warum weniger glücklicher macht" beschreibt er die Problematik des Überangebotes wie folgt:

> „Wenn Menschen keine Wahl haben, ist das Leben fast unerträglich. Nimmt die Zahl der zur Verfügung stehenden Optionen zu, wie es in unserer Konsumkultur der Fall ist, bedeutet das einen enormen und positiven Zuwachs an Autonomie, Kontrolle und Befreiung. Doch wenn die Zahl der Wahlmöglichkeiten weiter ansteigt, beginnen sich negative Aspekte zu zeigen. Wächst dann die Zahl der Optionen noch mehr an, nehmen die negativen Elemente so sehr zu, dass wir uns überfordert fühlen. Von da an ist die Wahl keine Befreiung mehr, sondern eine Beeinträchtigung."[48]

Für den Menschen ist Selbstbestimmung und Vielfalt von enormer Bedeutung. Dabei ist er kaum bereit, eine dieser Optionen aufzugeben. Jedoch können die vielseitigen Wahlmöglichkeiten zu falschen Entscheidungen, Angst, Stress, Unzufriedenheit und sogar Depressionen führen.[49]

Auch der Psychologe Bas Kast ist der Ansicht, dass wahrer Genuss durch Knappheit entsteht. Dies belegt er beispielsweise mit einem Marmeladen-Experiment:

---

45 Vgl. NABU - Naturschutzbund Deutschland e.V., o.D. (online): Plastikmüll und seine Folgen

46 Vgl. Bund für Umwelt und Naturschutz Deutschland o.D. (online): Achtung Plastik, S. 7

47 Vgl. o.A. 2013 (online): Winzige Plastikteilchen verunreinigen Trinkwasser

48 Schwartz 2006: Anleitung zur Unzufriedenheit, S. 10

49 Vgl. Schwartz 2006: Anleitung zur Unzufriedenheit, S. 11

> „Zwei Frauen laden im Supermarkt zum Probieren ein. Einmal bieten sie sechs Sor-
> ten an, einmal 24. Die Leute bleiben viel öfter am Tisch mit den 24 Marmeladen ste-
> hen, können sich aber anschließend nicht entscheiden und kaufen lieber nichts. Zu-
> dem sind sie unzufriedener."[50]

Ein Blick in die Supermarktregale bestätigt das Überangebot an Waren. So muss sich der Kunde unter anderem zwischen mehr als hundert verschiedenen Kekssorten entscheiden. Dabei versuchen die einzelnen Lebensmittelhersteller durch möglichst auffällige und ansprechende Verpackungen die Aufmerksamkeit der Kunden auf ihre Produkte zu lenken. Nicht selten fühlen sich die Kunden dadurch überfordert.[51] Laut einer Konsumentenbefragung im Auftrag von Foodwatch sind 74% der Befragten auch der Meinung, dass es für Verbraucher sehr schwierig ist, die Qualität von Lebensmitteln anhand der Angaben auf der Verpackung richtig zu beurteilen. Außerdem klagen mehr als 50% über mangelnde Transparenz und unverständliche Informationen auf den Produktverpackungen. Viele Verbraucher verstehen die Informationsangaben schlichtweg nicht und machen sich Sorgen darüber, dass Angaben zu bestimmten Inhaltsstoffen vor ihnen versteckt werden.[52]

Zusammengefasst kann man also festhalten, dass das wachsende Aufkommen an Verpackungsmüll enorme Auswirkungen auf unsere Umwelt hat. Auch führt das Überangebot an Waren und die damit einhergehende Verpackungsflut dazu, dass Verbraucher sich überfordert und unzufrieden fühlen. Im weiteren Verlauf der Arbeit soll nun näher auf den Lebensmittelmarkt in Deutschland und die dort entstehenden aktuellen Trends eingegangen werden.

---

[50] Küveler 2012 (online): Überangebot macht den Menschen unglücklich
[51] Vgl. Schwartz 2006: Anleitung zur Unzufriedenheit, S. 17
[52] Vgl. Foodwatch 2014 (online): Was der Kunde nicht weiss..., S. 13

3 Lebensmittelmarkt in Deutschland

3.1 Aktuelle Situation und Wandel

Die Lebensmittelindustrie gehört zu den wirtschaftlich bedeutsamsten Industriezweigen in Deutschland. Allein im August 2015 wurden 13,5 Milliarden Euro erwirtschaftet.[53] Der Einzelhandel stellt dabei den größten Absatzkanal dar. Dort herrscht allerdings ein sehr hoher Wettbewerb. Rund 75% des gesamten Marktes werden von fünf Großunternehmen dominiert. Dadurch entsteht ein hoher Wettbewerbsdruck, besonders bei den kleinen und mittelständischen Lebensmittelproduzenten.[54] Zudem herrscht auf dem Markt ein harter Preiskampf, denn die Verbraucher sind besonders preissensibel. Discounter wie Aldi, Lidl und Co. senken regelmäßig ihre Preise, wodurch diese eine führende Stellung am Markt einnehmen. Im EU-weiten Vergleich zeigt sich, dass Deutschland die niedrigsten Verbraucherpreise für Nahrungsmittel hat.[55] Durch Produktdifferenzierungen versuchen Hersteller oftmals, dem Preiskampf zu entkommen. Sie entwickeln Produkte, die exakt auf die Bedürfnisse einer bestimmten Verbrauchergruppe zugeschnitten sind, um so höhere Preise verlangen zu können. Dadurch entstand in den letzten Jahren eine Vielzahl an verschiedenen Waren, die ein unterschiedliches Kundenklientel ansprechen. Besonders an Bedeutung gewonnen haben die Qualitätsunterschiede in den Produktionsprozessen, die oftmals zur Produktvermarktung eingesetzt werden, wie zum Beispiel „biologischer Landbau" oder „Einhaltung von Sozialstandards".[56]Allgemein gesehen ist das Konsumklima in Deutschland auf einem sehr hohen Niveau. Bedingt durch die stabile Arbeitsmarktlage, eine geringe Sparneigung der Konsumenten und stabile Preise ergibt sich eine hohe Kauflaune bei den Kunden. 10,5 % ihres Nettoeinkommens gaben Verbraucher im Jahr 2014 in Deutschland für Lebensmittel und alkoholfreie Getränke aus. Damit lag Deutschland unter dem EU-Durchschnitt, wobei das ver-

---

[53] Vgl. Bundesvereinigung der Deutschen Ernährungsindustrie 2015 (online): BVE-
     Konjunkturreport Ernährungsindustrie 10-15
[54] Vgl. Bundesvereinigung der Deutschen Ernährungsindustrie 2015 (online): Jahresbericht
     2014_2015, S. 17
[55] Vgl. o.A. 2015 (online): Unilever kritisiert Aldi, Lidl und Co.
[56] Vgl. Spiller, Zühlsdorf 2012 (online): Trends in der Lebensmittelvermarktung, S. 11

gleichsweise hohe Einkommensniveau bedacht werden muss.[57] Eine Übersicht über die durchschnittlichen Ausgaben der Haushalte pro Monat für die einzelnen Lebensmittelkategorien bietet Abbildung 4. Hier ist ersichtlich, dass die Menschen im Jahr 2008 am meisten Geld für Fleisch- und Wurstwaren ausgegeben haben, gefolgt von Getreideerzeugnissen und Molkereiprodukten.[58]

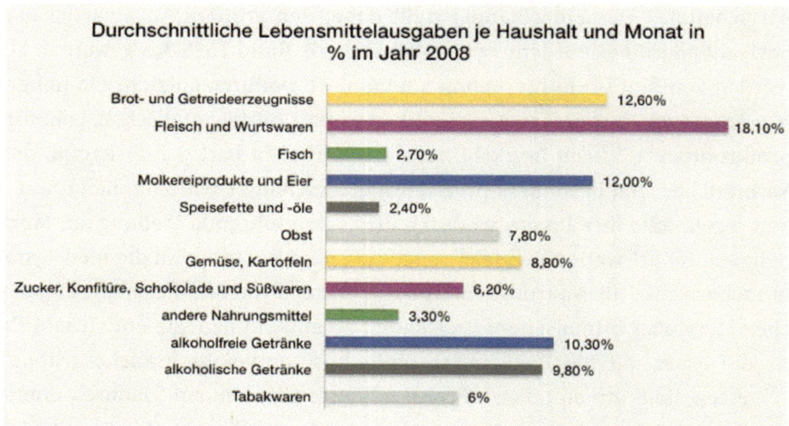

Abbildung 4: Lebensmittelausgaben deutscher Haushalte nach Kategorie[59]

Neben dem starken Wettbewerbsdruck und den strengen Auflagen führt der Wandel der Gesellschaft zu Veränderungen im Lebensmitteleinzelhandel, denn durch den Wandel wird auch das Konsumverhalten geprägt, was letztendlich dazu führt, dass sich die Lebensmittel dem Verbraucher anpassen müssen. „Unsere Gesellschaft ist mobil, flexibel, international und ständig vernetzt."[60] Es gibt immer mehr ältere Menschen und kleinere Haushalte bzw. Single-Haushalte, wodurch die Nachfrage nach großen Verpackungseinheiten immer weiter sinkt. Außerdem haben sich die Verbraucheranforderungen in den letzten Jahren stark verändert. Es wird zunehmend auf bewusste Ernährung geachtet. Die Verbraucher sind sensibler gegenüber den Preisen und der Qualität von Produkten. Zudem wollen sie

---

[57] Vgl. Bundesvereinigung der Deutschen Ernährungsindustrie 2015 (online): Jahresbericht 2014_2015, S. 5

[58] Vgl. Statistisches Bundesamt 2011 (online): Konsumausgaben

[59] Eigene Darstellung in Anlehnung an das Statistische Bundesamt (online): Konsumausgaben

[60] Bundesvereinigung der Deutschen Ernährungsindustrie 2015 (online): Jahresbericht 2014_2015, S. 5

immer besser über die Produkte informiert werden und erwarten ein hochwertiges und breites Angebot.[61] Obendrein vollzog sich in den letzten Jahren ein Bedürfniswandel der Konsumenten vom Notwendigkeitsgeschmack zum Qualitätsgeschmack. Jahrelang war „Schneller, billiger, funktioneller, exotischer, immer und mehr" [62] der treibende Wunsch der Konsumenten, was vor allem durch den Boom der Fastfood- und Convenience-Produkte bedingt war. Heutzutage legen Verbraucher Wert auf ein nachhaltig geprägtes Essverhalten, bei dem besonders der Genuss im Vordergrund steht. [63] Zudem steigt „die Sehnsucht nach Einfachheit, Authentizität und Natürlichkeit."[64] Ein weiterer Faktor, der die Lebensmittelindustrie beeinflusst, ist die zunehmende Mobilität unserer Gesellschaft. Die Menschen haben immer weniger Zeit, wodurch die Verpflegung außer Haus in den letzten Jahren stark zugenommen hat. Mit 71,1 Milliarden Euro hat der Außer-Haus-Markt einen enormen Marktanteil in der Lebensmittelindustrie, wobei die Gastronomie einen wichtigen Absatzpartner darstellt.[65]

Die Lebensmittelindustrie hat sich also in den letzten Jahren deutlich verändert und unterliegt auch weiterhin einem stetigen Wandel. Einkaufen ist nicht mehr einfach nur zur Befriedigung von Grundbedürfnissen da. Vielmehr geht es um Wünsche und Sehnsüchte, die durch das Einkaufen erfüllt werden sollen. Dabei hat der Konsument die Macht übernommen und entscheidet, wie Handel und Einkauf funktionieren.[66] Für die Lebensmittelhersteller ist es daher besonders wichtig, sich den Wünsche der Kunden anzupassen, Veränderungen frühzeitig zu erkennen und aufkommenden Trends nachzukommen, um wettbewerbsfähig zu bleiben. Im nächsten Abschnitt dieser Arbeit wird erklärt, was ein Trend genau ist, wie er entsteht und welche Trends momentan aktuell sind.

---

61 Vgl. Bundesvereinigung der Deutschen Ernährungsindustrie 2015 (online): Jahresbericht 2014_2015, S. 17

62 Huber, Kelber, Kirig, Rützler 2011: Business – Der Wandel der Genusskultur, S. 12

63 Vgl. Huber, Kelber, Kirig, Rützler 2011: Business – Der Wandel der Genusskultur, S. 12 - 13

64 Huber, Kelber, Kirig, Rützler 2011: Business – Der Wandel der Genusskultur, S. 18

65 Vgl. Bundesvereinigung der Deutschen Ernährungsindustrie o.D (online).: Der deutsche Außer-Haus-Markt

66 Vgl. Haderlein, Mijnals, Wenzel 2007: Shopping Szenarien, S. 4

3.2 Lifestyle und Trends

Die Gesellschaft ist ständig im Wandel und daraus entwickeln sich auch immer wieder neue Ströme und Richtungen. Besonders in der Ernährungsindustrie werden beinahe täglich neue Trends geboren, die als sogenannte Food-Trends bezeichnet werden. Daraus ergeben sich zwei wesentliche Fragen, die im weiteren Verlauf dieser Arbeit beantwortet werden sollen. Zum einen: Was sind Food-Trends und wie entstehen sie? Und zum anderen: Welche Food-Trends gibt es?

Im allgemeinen Sprachgebrauch wird unter dem Wort „Trend" eine Veränderungsbewegung oder ein Wandlungsprozess verstanden. Dabei können sie in unterschiedlichen Bereichen des Lebens auftreten, wie zum Beispiel der Ökonomie, der Politik oder der Konsumwelt. Diese Trends können schließlich in verschiedene Kategorien unterteilt werden.[67] Abbildung 5 zeigt eine Übersicht über diese Trend-Kategorien und beschreibt deren unterschiedliche Geschwindigkeiten und Veränderungen anhand eines Wellenmodells.

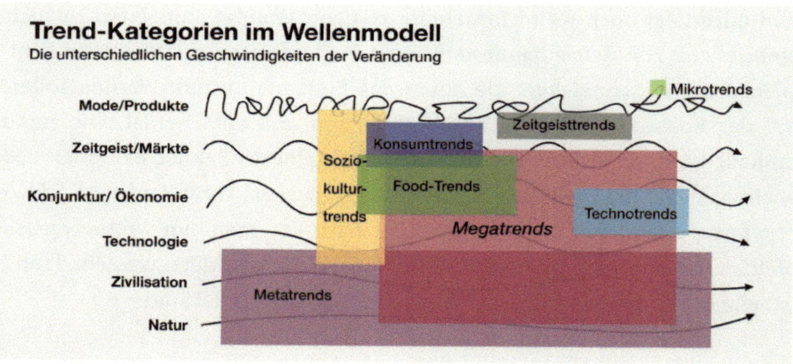

Abbildung 5: Trend-Kategorien im Wellenmodell[68]

Wie in der Abbildung ersichtlich ist, gibt es acht verschiedene Trend-Kategorien, die in unterschiedlichen Bereichen auftreten können. Megatrends beispielsweise sind Trends, die eine epochale Veränderung darstellen, wodurch sie die gesellschaftliche Entwicklungsstufe auf eine neue Ebene transformieren. Sie stellen ein flächendeckendes, globales Phänomen dar, welches in nahezu allen Bereichen auf-

---

[67] Vgl. Horx 2010 (online): Trend-Definition, S. 1

[68] Eigene Darstellung in Anlehnung an Rützler Hannis Food Report 2015: Trendkategorien im Wellenmodell, S.11

tritt (Ökonomie, Konsum, Politik etc.). Zudem haben sie eine Mindesthalbwertszeit von 50 Jahren.[69] Im Gegensatz dazu beschreiben Mikrotrends Veränderungen im Bereich des Stils und des Designs von einzelnen Produkten. Sie sind besonders kurzlebig und einem ständigen Wandel unterzogen.[70] „Mit dem Begriff Food-Trends beschreiben und analysieren wir etwas anderes: nämlich die längerfristigen Veränderungsbewegungen und Wandlungsprozesse innerhalb bestimmter Esskulturen bzw. Gesellschaften."[71] Dabei bestehen Food-Trends durchschnittlich zehn Jahre oder länger. Sie offenbaren das Lebensgefühl und die Sehnsüchte der Konsumenten und stellen Lösungsversuche für bestehende Probleme dar. Food-Trends werden durch globale und langfristige Veränderungen geprägt und durch die Menschen nach außen getragen. [72] In Abbildung 5 ist zu erkennen, dass Food-Trends ausschließlich im Bereich der Märkte und der Ökonomie zu finden sind und ihre Halbwertszeit im Vergleich zu den anderen Trend-Kategorien eher kurz- bis mittelfristig ist.

Die Gründe für die Entstehung solcher Trends können sozialer Natur sein, wie permanenter Zeitmangel und demografische gesellschaftliche Veränderungen. Aber auch ökonomische oder kulturelle Änderungen können Auslöser sein.[73] Außerdem werden sie durch Megatrends wie zum Beispiel die Individualisierung, Konnektivität und Mobilität geprägt.[74] Besonders die Individualisierung hat großen Einfluss darauf, was die Menschen essen. Hierbei dreht sich alles um die freie Wahl, die Selbstbestimmung und Entscheidung.[75] „Nahrung wird [dadurch] zunehmen zum Instrument auf der Suche nach dem Selbst, zum Tool der Selbstverwirklichung, der Selbsterfahrung und der Selbstdarstellung".[76] „Die Epizentren von Food-Trends sind daher immer Personengruppen mit starken Motiven und Leidenschaften oder Personengruppen, die bestimmte Probleme als besonders bedrückend erleben. Sie lösen die Food-Trends aus, schieben Veränderungen an

---

[69] Vgl. Armellini, Huber, Steinle, Steinle 2013: Die Zukunft des Konsums, S.16

[70] Vgl. Horx 2010 (online): Trend-Definition, S. 3 - 4

[71] Rützler 2014: Food Report 2015, S. 10

[72] Vgl. Rützler 2015 (online): Food Report 2016, S. 10

[73] Vgl. Rützler 2014: Food Report 2015, S. 11

[74] Vgl. Armellini, Huber, Steinle, Steinle 2013: Die Zukunft des Konsums, S.18

[75] Vgl. o.A. 2014 (online): Wie wir morgen essen werden

[76] o.A. 2014 (online): Wie wir morgen essen werden

und dynamisieren sie."[77] Für die Akteure der Lebensmittelbranche gelten diese Personen als Orientierung für neue Trendbewegungen und sind daher von großer Bedeutung, denn sie helfen, Veränderungen frühzeitig zu erkennen. Ein entstehender Trend breitet sich dabei wellenartig in der Gesellschaft aus und wächst somit immer weiter an.[78] Abbildung 6 beschreibt die Entwicklung eines Food-Trends von dessen Entstehung, über die Ausbreitung, bis hin zu dessen Ende.

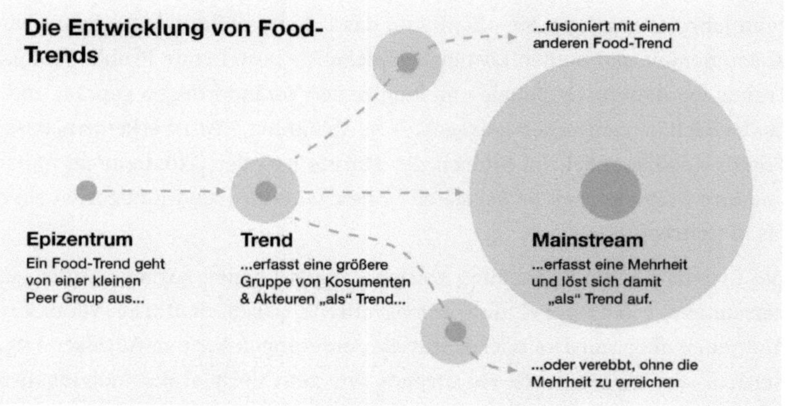

Abbildung 6: Wie sich Food-Trends entwickeln[79]

Wie die Abbildung zeigt, geht ein Food-Trend zunächst von einer kleineren, sogenannten „Peer Group" aus. Dieser Trend wird dann von einer größeren Gruppe von Konsumenten erfasst und als Trend wahrgenommen. Nun gibt es drei Möglichkeiten, wie sich der Trend fortlaufend entwickelt. Entweder er fusioniert mit einem anderen Trend oder aber der Trend verebbt, ohne größere Aufmerksamkeit bei den Konsumenten auf sich zu ziehen. Die dritte Möglichkeit ist, dass der Trend von einer Mehrheit der Konsumenten angenommen wird, wodurch er sich letztendlich als Trend auflöst und als „mainstream" angesehen wird.

Heutzutage gibt es eine große Zahl verschiedener Food-Trends, die mehr oder weniger bekannt sind. Die Ernährungswissenschaftlerin Hanni Rützler hat in ih-

---

[77] Rützler 2014: Food Report 2015, S. 11

[78] Vgl. Rützler 2014: Food Report 2015, S. 10 - 11

[79] Eigene Darstellung in Anlehnung an Rützler Hannis Food Report 2015: Wie sich Food-Trends entwickeln, S.12

rem Food Report 2016 eine Übersicht dieser Trends erstellt, die in Abbildung 7 gezeigt wird.

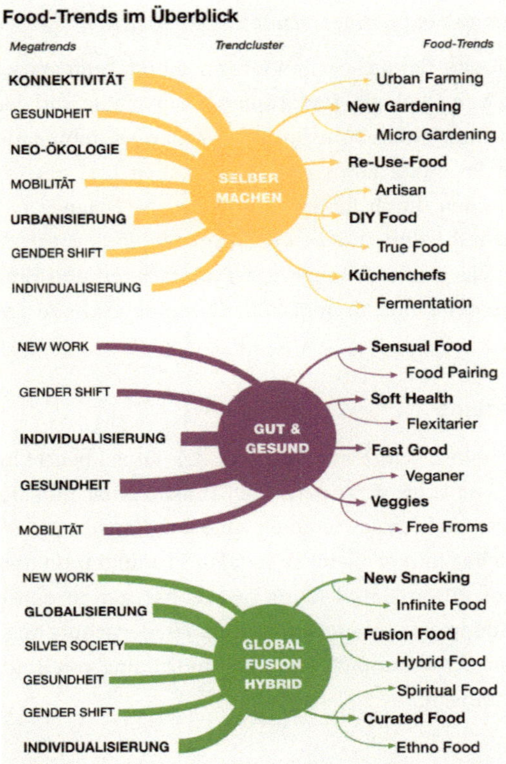

Abbildung 7: Food-Trends in der Übersicht[80]

Food-Trends werden immer von globalen und langfristig wirksamen Veränderungen geprägt, welche auch als Megatrends bezeichnet werden. Wie der Abbildung zu entnehmen ist, gibt es eine Vielzahl dieser Megatrends, die zu einzelnen Trendclustern zusammengefasst werden können. Somit werden beispielsweise die Individualisierung und die Gesundheit in das Trendcluster „Gut & Gesund" eingeordnet. Den einzelnen Trendclustern können dann die verschiedenen Food-

---

80 Eigene Darstellung in Anlehnung an Rützler Hannis Food Report 2016 (online): Food-Trends in der Übersicht, S. 16 - 17

Trends zugeordnet werden. Zum Beispiel zählen „Sensual Food", „Soft Health", „Fast Good" und „Veggies" zum Trendcluster „Gut & Gesund". Food-Trends sind aber keine statischen Ereignisse. Sie entwickeln sich fortlaufend weiter und differenzieren sich immer wieder zu neuen Untertrends aus.[81]

Einer der bedeutendsten Trends, der sich in den letzten zehn Jahren stark entwickelt hat, ist der Megatrend Neo-Ökologie. Dabei spielt die Ökologie und die nachhaltige Produktion eine wichtige Rolle. Konsumenten sehen es immer mehr als selbstverständlich an, dass Produkte aus einer ökologischen und nachhaltigen Produktion stammen. Sie wollen durch ihr Kaufverhalten die Balance zwischen Naturschutz und Lebensqualität halten und bewusst konsumieren. Dieses Verhalten wird angetrieben durch das große Verlangen nach Einfachheit und Ursprünglichkeit.[82] Das ist schließlich der Punk, an dem Bulk Shopping als neue Trendbewegung auftaucht.

3.3 Einordnung Bulk Shopping

Wie in den vorherigen Kapiteln beschrieben, hat sich das Konsumverhalten der Menschen in den letzten Jahren stark verändert. Die Sehnsucht nach lokalen Vertrautheits- und Authentizitätsmärkten sowie einem globalen Konsumstil ist stark. Das bedeutet, dass Verbraucher immer mehr zu lokalen Produkten tendieren, in die sie Vertrauen haben. Aus dieser Entwicklung heraus hat sich in den letzten Jahren der Trend des Bulk Shoppings entwickelt, was als Wiedergeburt des Tante-Emma-Prinzips gesehen wird.[83] Abbildung 8 zeigt die Einordnung von Bulk Shopping in die veränderte Konsumwelt.

---

[81] Vgl. Rützler 2015 (online): Food Report 2016, S. 11-12
[82] Vgl. Haderlein, Mijnals, Wenzel 2007: Shopping Szenarien, S. 37 - 39
[83] Vgl. Haderlein, Mijnals, Wenzel 2007: Shopping Szenarien, S. 6

Abbildung 8: Convenience 2.0: Die Wiedergeburt von Tante Emma[84]

Vor etwa zehn bis fünfzehn Jahren befand sich unsere Gesellschaft in einer „Geiz ist Geil"-Einstellung. Dabei wurde vor allem Wert auf günstige Preise gelegt. Zudem standen Zeitersparnis sowie unerschöpfliche und schnelle Verfügbarkeit im Vordergrund. Dies war auch die Zeit, in der Supermärkte und Discounter die Vorrangstelle einnahmen.[85] Heute befinden wir uns in einer sogenannten Convenience 2.0 Gesellschaft, die eine neue Form des Konsumverhaltens darstellt. Dabei müssen die Produkte qualitativ hochwertig, gesund, persönlich und trotzdem schnell verfügbar sein - sozusagen gesundes Fast-Food.[86] Aus dieser Bewegung heraus haben sich neben den herkömmlichen Supermärkten neue Märkte aufgetan. So können heute dank der Entwicklung von E-Commerce und Teleshopping Lebensmittel bereits online über das Internet bestellt und nach Haus geliefert werden und damit ist nicht nur die Pizza vom Lieferservice gemeint. [87] Supermärkte wie Rewe, Edeka und Co bieten einen online Lieferservice, bei dem der Kunde über das Internet auf die gesamte Produktpalette zugreifen und so Le-

---

84 Eigene Darstellung in Anlehnung an Haderlein, Mijnals, Wenzel: Shopping Szenarien: Convenience 2.0: Die Wiedergeburt von Tante Emma, S. 42

85 Vgl. Haderlein, Mijnals, Wenzel 2007: Shopping Szenarien, S. 20

86 o.A. 2013 (online): Öko trifft Convenience

87 Vgl. Haderlein, Mijnals, Wenzel 2007: Shopping Szenarien, S. 17

bensmittel ganz einfach per Mausklick bestellen kann. Das ist bequem, schnell und spart vor allem Zeit.[88] Selbst qualitativ hochwertige Produkte können mittlerweile über das Internet bestellt werden, wie zum Beispiel bei „Delinero" einem Online-Versand für Premium-Lebensmittel.[89] Außerdem kaufen die Menschen immer öfter unterwegs ein, wodurch der Außer-Haus-Markt starkes Wachstum erlangt hat. In diese Convenience 2.0 Bewegung kann nun auch Bulk Shopping eingeordnet werden, was in Abbildung 8 als "Tante Emma" beschrieben ist.[90]

Was Bulk Shopping bedeutet, wie es funktioniert und wie dieser Trend entstanden ist, wird im folgenden Kapitel genau beschrieben. Außerdem werden die Vor- und Nachteile aufgezeigt, die diese Art des Einkaufens mit sich bringt.

---

[88] Vgl. Bruns 2013 (online): Die fünf größten Online-Supermärkte im Test
[89] Vgl. delinero.de o.D. (online): Philosophie
[90] Vgl. Haderlein, Mijnals, Wenzel 2007: Shopping Szenarien, S. 17

4 Bulk Shopping

4.1 Begriffsklärung und Funktionsweise

Bulk Shopping ist ein Begriff, der hierzulande noch relativ unbekannt und noch nicht im gängigen Sprachgebrauch angelangt ist. Aus diesem Grund konnte in der vorhandenen Literatur hierzu keine eindeutige Definition gefunden werden. Im nachfolgenden Abschnitt wird deshalb für den Begriff Bulk Shopping eine Herleitung aus dem Englischen gegeben und anschließend eindeutig erklärt.

Bulk Shopping setzt sich zusammen aus den zwei Wörtern „Bulk" und „Shopping". „Bulk" stammt aus dem Englischen und bezieht sich auf das Wort „Bulk Bin".[91] Bulk Bins sind große Gefäße, meist aus Glas, die als Mehrwegbehälter dienen. In ihnen können Produkte, vor allem Lebensmittel, in großen Mengen lose aufbewahrt und gelagert werden.[92] Das zweite Wort „Shopping" kommt ebenfalls aus dem Englischen und bedeutet Einkaufen. Beide Worte zusammen ergeben schließlich den Begriff „Bulk Shopping".

Bulk Shopping beschreibt einen neuen Trend im Einzelhandel, bei dem es um das Einkaufen ohne Verpackung geht. In Deutschland gibt es bereits mehrere Läden, die diesem Trend folgen und komplett auf jede Art von Verpackung verzichten. Die Kunden bringen dafür von zu Hause ihre Behältnisse mit, in die sie die jeweiligen Lebensmittel abfüllen möchten. Es können aber auch Mehrwegbehälter vor Ort erworben werden. Diese Behälter werden vor dem Einkauf abgewogen, damit am Ende nur das bezahlt werden muss, was auch mitgenommen wird. In den Geschäften, die das Prinzip des Bulk Shoppings praktizieren, werden die Lebensmittel meist in großen, zylinderförmigen Spendern aufbewahrt (siehe Abbildung 9). Die Kunden können sich dann je nach Wunsch die benötigte Menge in Mehrwegbehälter abfüllen. Gewürze löffelt man sich beispielsweise aus großen Gläsern in kleinere. Flüssige Lebensmittel wie Öl oder Essig zapft man aus großen Kanistern in kleine Flaschen ab und Obst und Gemüse werden lose in großen Holzkisten angeboten. Am Ende des Einkaufs werden die Waren dann abgewogen und das Gewicht der Behältnisse abgezogen.[93] Abbildung 10 zeigt ein Foto aus dem Laden „Unverpackt" in Kiel, auf dem die Funktionsweise von Bulk Shopping für die Kun-

---

[91] Vgl. o.A. 2015 (online): Bulk Shopping bei Tante Emma
[92] Vgl. o.A. 2015 (online): Weniger Verpackungsmüll
[93] Vgl. o.A. 2015 (online): Plastikfreie Läden: Einkaufen ohne Verpackungen

den erklärt wird. Die Lebensmittel, die in Bulk Shopping Läden zum Kauf angeboten werden, haben überwiegend Bio-Qualität und stammen aus regionaler Herkunft. Zudem findet man in den Läden nahezu alles, was man für den täglichen Bedarf braucht. Selbst Kosmetikprodukte wie Shampoo und Cremes können lose erworben werden.[94]

Abbildung 9: Verpackungsfreie Supermärkte[95]

Abbildung 10: Unverpackt einkaufen[96]

---

94 Vgl. Von Bremen 2015 (online): Hüllenloser Einkauf in Kiel
95 Foto von Strauß Stefan in Berliner Zeitung (online): Verpackungsfreie Supermärkte – „Wir produzieren viel zu viel Verpackungsmüll" (Bildinhalt: Unverpackt in Kiel)

4.2 Entstehung und Entwicklung

Bulk Shopping stellt „eine ökologische und abfallschonende Alternative zu Verpackungen"[97] dar. Dabei ist diese Art des Einkaufens nicht unbedingt neu. Noch vor etwa 40 Jahren, bevor der große Boom der Supermärkte und Discounter begann, gab es noch überwiegend kleinere Läden, sogenannte "Tante-Emma-Läden", in denen Waren in offenen Behältern zum Selbstabfüllen angeboten wurden. Unsere Großeltern und Urgroßeltern kauften noch so ein. Im Laufe der Zeit wurden diese Läden durch die großen Supermarkt- und Discounterketten weitgehend verdrängt, denn mit den günstigen Preisen und dem großen Angebot konnten die kleinen Läden nicht mithalten. Doch das zunehmende Bewusstsein der Bevölkerung für Nachhaltigkeit und Umweltschutz führte dazu, dass in den letzten Jahren in mehreren Städten kleinere Läden eröffnet haben, in denen genau diese Art des Einkaufens wieder eingeführt wurde.[98]

Solche Läden, in denen der Fokus auf nachhaltige und ökologische Produkte gelegt wird, werden auch als „grocery" bezeichnet. Besonders im amerikanischen Raum ist dieser Begriff sehr geläufig. Dabei hat er seinen Ursprung in Österreich und entstammt dem Wort „Greisslerei". [99] „Eine Greisslerei ist in Österreich das, was man in Deutschland einen Tante-Emma-Laden nennt."[100] In den USA gibt es bereits jede Menge „groceries" mit Supermarkt-Charakter. Ein gutes Beispiel hierfür ist der „Rainbow Grocery" Markt in San Francisco. Dort wird eine große Auswahl an organischen und lokalen Produkten in unverpackter Form angeboten.[101] In Deutschland gibt es derzeit rund ein Dutzend dieser Läden, wie zum Beispiel „Original Unverpackt" in Berlin oder „Plastikfreie Zone" in München.[102] Sie alle folgen dem Prinzip des Precyclings. Das bedeutet, den Verpackungsmüll zu reduzieren und auf umweltverträglichere Alternativen umzusteigen.[103]

---

[96] Foto vom NABU - Naturschutzbund Deutschland e.V. (online): Unverpackt einkaufen – Unser Einkauf muss verpackungsärmer werden (Bildinhalt: Unverpackt in Kiel)

[97] o.A. 2015 (online): Weniger Verpackungsmüll

[98] Vgl. Dierig, Fründt 2014 (online): Verpackungsfrei Einkaufen? Nicht mit den Deutschen

[99] Vgl. o.A. 2015 (online): Bulk Shopping bei Tante Emma

[100] Endt 2014 (online): Verpackungsfrei einkaufen

[101] Vgl. o.A. 2015 (online): Bulk Shopping bei Tante Emma

[102] Vgl. zerowastelifestyle.de (online): Verpackungsfreie Supermärkte

[103] Vgl. o.A. 2014 (online): Supermärkte verkaufen Ware ohne Verpackung

Nachdem der Begriff Bulk Shopping nun definiert und dessen Entwicklung beschrieben wurde, werden im fortlaufenden Abschnitt dieser Arbeit die Vor- und Nachteile, die mit dieser Form des Einkaufens einhergehen, erläutert. Dabei wird besonders der ökologische Aspekt berücksichtigt sowie die Kostenvorteile, die sich durch Bulk Shopping ergeben. Es werden aber auch die gesellschaftlichen Herausforderungen, die wettbewerbswirtschaftlichen Probleme und die rechtlichen Hindernisse aufgezeigt, um sowohl die positiven als auch negativen Seiten des Bulk Shoppings zu beleuchten.

4.3 Vorteile von Bulk Shopping

4.3.1 Ökologischer Aspekt

Wie bereits erwähnt, ist Bulk Shopping eine ökologische und abfallschonende Methode des Einkaufens, denn bei Waren, die in Bulk Shopping Läden angeboten werden, wird von der Lieferkette bis hin zum Konsumenten vollständig auf Einwegverpackungen verzichtet. Dadurch kann eine beachtliche Menge an Verpackungsmüll vermieden werden.[104] Jährlich produziert jeder Deutsche rund 128 Kilogramm reinen Verpackungsmüll, der durch das verpackungsfreie Einkaufen deutlich reduziert werden kann, was wiederum positive Auswirkungen auf unsere Umwelt hat.[105] Außerdem werden durch Bulk Shopping weniger Lebensmittel weggeworfen, da der Kunde exakt die Menge abwiegen kann, die er benötigt und keine einheitlich abgepackten Waren kaufen muss, deren Menge er möglicherweise nicht braucht.[106]

4.3.2 Kostenvorteile

Bulk Shopping bringt jedoch nicht nur ökologisch gesehen Vorteile mit sich, auch Kostenvorteile ergeben sich daraus. Denn dadurch, dass über die ganze Produktions- und Lieferkette hinweg bis zum Verkauf der Ware auf Einwegverpackungen verzichtet wird, können Verpackungskosten gespart werden. Diese beinhalten zum einen die Herstellung der Verpackungen und zum anderen das Verpacken selbst. Es werden Materialkosten und Arbeitszeit eingespart, wodurch die Ware oft günstiger verkauft werden kann als in anderen Bio-Lebensmittelläden, die

---

[104] Vgl. o.A. 2015 (online): Weniger Verpackungsmüll
[105] Vgl. o.A. 2014 (online): Supermärkte verkaufen Ware ohne Verpackung
[106] Vgl. o.A. 2015 (online): Weniger Verpackungsmüll

denselben Qualitätsstandard aufweisen. An dieser Stelle muss allerdings erwähnt werden, dass Bulk Shopping Läden mit den Tiefpreisen der Diskounter-Ketten nicht mithalten können.[107]

4.3.3 Vermeidung von Übersättigung

Neben dem ökologischen Aspekt und den Kostenvorteilen gibt es noch einen weiteren wesentlichen Vorteil, der mit Bulk Shopping einhergeht: Die Vermeidung von Übersättigung. Dadurch, dass es eine geringere Auswahl an Produkten gibt, fällt es den Kunden leichter, sich zu entscheiden. [108] Sie müssen nicht zwischen zahlreichen verschiedenen Nudelsorten und –herstellern wählen, wie das in herkömmlichen Supermärkten und Discountern der Fall ist. Ein kleineres Sortiment führt dazu, dass die Kunden zufriedener sind, sich nicht überfordert fühlen und deshalb leichter entscheiden können, was sie kaufen möchten. Denn wie bereits in Kapitel 2.3 erwähnt, kann ein Überangebot an Wahlmöglichkeiten zu falschen Entscheidungen und daraus resultierend zu Angst, Stress und Unzufriedenheit führen. Im schlimmsten Fall können sogar Depressionen entstehen.[109] Deshalb ist Bulk Shopping besonders für das Wohlbefinden und die Gesundheit der Konsumenten eine gute Alternative, um dem Überangebot aus dem Weg zu gehen.

4.3.4 Keine Verbrauchertäuschung

Ein letzter bedeutender Vorteil, der an dieser Stelle noch erwähnt werden muss, ist, dass durch Bulk Shopping keine Verbrauchertäuschung stattfinden kann. Da die Ware lose zum Kauf angeboten wird, gibt es keine bunten und auffälligen Verpackungen, die um die Aufmerksamkeit des Kunden buhlen. Er wird also nicht von der Optik und dem Design einer Produktverpackung beeinflusst, sondern entscheidet allein auf Grundlage des Produktes. Der Kunde sieht die Ware bevor er sie kauft und kann selbst entscheiden, wie viel er davon haben möchte.[110] Nicht selten kommt es vor, dass die Lebensmittelhersteller ihre Produkte in viel zu großen Umverpackungen anbieten, um beim Käufer den Eindruck von mehr Inhalt zu erwecken. Wenn man dann die Verpackung öffnet, stellt man fest, dass ein großer

---

[107] Vgl. Schulte 2014 (online): „Original Unverpackt": Supermarkt ohne Verpackungen eröffnet in Berlin

[108] Vgl. Dierig, Fründt 2014 (online): Verpackungsfrei Einkaufen? Nicht mit den Deutschen

[109] Vgl. Schwartz 2006: Anleitung zur Unzufriedenheit, S. 11

[110] Vgl. Dierig, Fründt 2014 (online): Verpackungsfrei Einkaufen? Nicht mit den Deutschen

Teil des Inhaltes nur aus Luft besteht. Diese Täuschungsversuche sind zwar laut Eichgesetz verboten, allerdings gibt es keine genaue Regelung, ab wann eine Mogelpackung vorliegt, denn das ist von Produkt zu Produkt unterschiedlich. Oft ist es auch der Fall, dass Hersteller die Füllmenge verringern, aber die Preise beibehalten. Dies bleibt vom Verbraucher meist unbemerkt.[111] Der Grund dafür ist, dass Verbraucher bei vertrauten Produkten, die sie regelmäßig kaufen, nicht ständig die Füllmenge kontrollieren. Außerdem verstecken die Hersteller die Füllmengenangaben oft im Kleingedruckten, damit diese nicht auf den ersten Blick zu finden sind.[112] Allerdings tricksen die Hersteller nicht nur bei den Füllmengen, auch mit Marketingbegriffen wie „regional" oder „aus ökologischem Anbau" versuchen sie, die Verbraucher in ihrem Kaufverhalten zu beeinflussen. Aber nur weil auf einer Verpackung „regional" steht, heißt das noch lange nicht, dass das Produkt auch wirklich aus der Region stammt.[113] Das Problem dabei ist, dass es im Lebensmittelrecht Lücken gibt, die viele Bereiche der Verbrauchertäuschung nicht abdecken. [114] Wenn Lebensmittelproduzenten den Begriff „regional" verwenden, kann das zwar bedeuten, dass das Produkt in der Region hergestellt wird, es gibt aber keine Regelung, die besagt, dass auch die Zutaten aus der Region stammen müssen.[115] „So produziert der thüringische Konfitürenhersteller "Mühlhauser" zum Teil in Mühlhausen, aber auch in Mönchengladbach. Dies ist zwar auf den Etiketten nachzulesen, aber woher die Früchte für die Konfitüren stammen, ist nicht erkennbar."[116] Diese Form der Verbrauchertäuschung kann beim Bulk Shopping nicht passieren, da die Waren lose in durchsichtigen Behältern angeboten werden, wodurch der Kunde die Ware sehen kann, bevor er sie kauft und die Menge selbst bestimmen kann, die er benötigt.

---

[111] Vgl. o.A. 2015 (online): Mogelpackungen: Tricksereien mit viel Luft und doppeltem Boden

[112] Vgl. Schwartau, Valet 2007: Vorsicht Supermarkt! Wie wir verführt und betrogen werden, S. 48

[113] Vgl. Ehrenstein 2013 (online): Zwischen legaler und illegaler Verbrauchertäuschung

[114] Vgl. Hanack 2013 (online): Top-Ten der Täuschungen

[115] Vgl. o.A. 2015 (online): Regionale Lebensmittel

[116] o.A. 2015 (online): Regionale Lebensmittel

4.4 Schwierigkeiten und Nachteile

4.4.1 Gesellschaftliche Herausforderungen

Ein wesentlicher Nachteil, der mit Bulk Shopping einhergeht, ist der erhöhte Zeitaufwand. Der Verbraucher muss für jedes Produkt, das er kaufen möchten, einen eigenen Behälter von zu Hause mitbringen, was bei einem Großeinkauf sehr umständlich sein kann. Zudem müssen die Behälter im Gegensatz zur Einwegverpackung immer wieder gereinigt werden.[117] Dadurch, dass beim Bulk Shopping die Waren lose angeboten werden, muss der Kunde bereits vor dem Einkauf genau planen, was er in welcher Menge benötigt, wodurch Spontaneinkäufe eher nicht möglich sind.[118] Außerdem ist die Auswahl in Bulk Shopping Läden deutlich kleiner und nicht jedes Produkt wird zum Kauf angeboten, wie zum Beispiel Toilettenpapier oder Tomatenmark, das es laut Milena Glimbovski, der Gründerin von „Original Unverpackt" (einem Laden in Berlin, der dem Bulk Shopping Prinzip folgt), nicht in unverpackter Form zu kaufen gibt.[119] Aus diesen Gründen erfordert ein konsequentes Bulk Shopping eine hohe Akzeptanz beim Verbraucher und eine Umstellung seiner Konsumgewohnheiten sowie eine Anpassung an die neuen Umstände.

4.4.2 Wettbewerbswirtschaftliche Probleme

Wenn Waren unverpackt verkauft werden, ist für den Verbraucher nicht sofort ersichtlich, von welchem Hersteller diese stammen. Die Unterscheidungsfunktion der einzelnen Produkte ist somit nicht mehr gegeben. Für die Produzenten ist es deshalb schwierig, aus dem Sortiment hervorzustechen und die Aufmerksamkeit der Kunden auf das eigene Produkt zu lenken. Dadurch entstehen wettbewerbswirtschaftliche Probleme. Zudem haben Marken eine gewisse Inszenierungsfunktion, die dadurch wegfällt. Viele Konsumenten kaufen bewusst spezielle Marken. Sie legen Wert darauf, eine bestimmte Zigarettenmarke zu rauchen oder einen ganz bestimmten Energy-Drink zu trinken.[120]

---

117 Vgl. o.A. 2014 (online): Supermärkte verkaufen Ware ohne Verpackung

118 Vgl. Kröger 2014 (online): Laden ohne Verpackungsmüll: Ich pack das

119 Vgl. Schulte 2014 (online): „Original Unverpackt": Supermarkt ohne Verpackungen eröffnet in Berlin

120 Vgl. Dierig, Fründt 2014 (online): Verpackungsfrei Einkaufen? Nicht mit den Deutschen

4.4.3 Rechtliche Hindernisse

Als größtes Problem jedoch gelten rechtliche Hindernisse, die dem verpackungsfreien Einkauf im Weg stehen, denn laut Gesetz muss die Sicherheit der Lebensmittel, die verkauft werden, garantiert sein. Das ist jedoch nicht möglich, wenn in den Geschäften mitgebrachte Behälter angenommen werden. Durch den Kontakt mit der Waage oder der Theke können Keime und andere Verunreinigungen übertragen werden, wodurch gesundheitliche Risiken entstehen.[121] Das Ministerium für Verbraucherschutz empfiehlt vor allem bei Frischwaren wie Fleisch, Wurst und Käse keine Behälter hinter die Theke zu lassen. Lebensmittelkontrolleure überprüfen, ob sich die Händler daran halten. Ein Verstoß kann mit einem hohen Bußgeld geahndet werden. Deshalb lehnen die meisten Geschäfte mitgebrachte Behälter strikt ab.[122] Das erschwert verpackungsfreies Einkaufen enorm. Lediglich in speziell auf Bulk Shopping ausgelegten Läden ist dies kein Problem, da die Behälter vor dem Einkauf abgewogen werden und die Ware erst dann aus verschlossenen Gefäßen abgefüllt wird.[123]

Bulk Shopping bringt somit also nicht nur wesentliche Vorteile, sondern auch einige Nachteile mit sich, die bei der Entscheidung für einen verpackungsfreien Konsum ausschlaggebend sein können. Im fünften Kapitel geht es nun um die Zielgruppe, die durch Bulk Shopping angesprochen wird und unter dem Fachbegriff „LOHAS" bekannt ist. Es wird zunächst eine Begriffsdefinition gegeben und anschließend werden die Eigenschaften und der Lebensstil dieser Personengruppe beschrieben.

---

[121] Vgl. Wittchen 2015 (online): Einmal ohne, bitte!
[122] Vgl. Petermann 2015 (online): Kommt nicht in die Dose
[123] Vgl. Wittchen 2015 (online): Einmal ohne, bitte!

5 Zielgruppe LOHAS

5.1 Definition und Begriffsklärung

Der Begriff LOHAS ist eine Abkürzung für die Bezeichnung „Lifestyles of Health and Sustainability" und steht für eine Zielgruppe mit einer ökologisch-verantwortungsbewussten Grundüberzeugung.[124] Für diese Personengruppe (im Folgenden als LOHAS bezeichnet) ist der Nachhaltigkeitsaspekt in Bezug auf den Konsum besonders wichtig. Deshalb richten die LOHAS ihren gesamten Lebensstil nach ökologischen und nachhaltigen Kriterien aus. Sie wollen bewusst als Konsument am Markt mitwirken, um ihn nach ihren Vorstellungen zu verbessern.[125] „Ihr Ziel ist es, eine bessere Welt für nachfolgende Generationen zu schaffen."[126] Wie das Wort „Lifestyles" (Plural) bereits andeutet, sind die LOHAS keine homogene Gruppe. Vielmehr vereinigt sie Konsumententypen mit verschiedenen Ansichten von Nachhaltigkeit, bei denen es nicht um Konsumverzicht, sondern um den Kauf von umweltfreundlichen und sozialverträglichen Produkten geht. Dabei treten jedoch widersprüchliche Charakteristiken der einzelnen Gruppen auf, wodurch die Attraktivität der LOHAS in der Gesellschaft und der Wirtschaft stark umstritten ist.[127] Um das Thema weiter zu vertiefen, wird in den darauffolgenden Kapiteln zunächst der Ursprung der Bewegung und dessen Entwicklung beschrieben und anschließend der Lebensstil und die Werte dieser Personen charakterisiert.

5.2 Ursprung und Entwicklung der Bewegung

Die Bewegung der LOHAS entstand ursprünglich in den USA und breitete sich durch das stetig steigende Umweltbewusstsein der Menschen immer weiter aus. Ausschlaggebend für das wachsende Bewusstsein waren die Entwicklung des Internets und die zunehmenden öffentlichen Diskussionen um den Klimawandel. Außerdem sorgte Hurrikan Katrina im August 2005 dafür, dass sich die Menschen der Umweltsituation stärker bewusst wurden. Ein weiterer Faktor, der diese Bewegung unterstützte und vorantrieb, waren die öffentlichen Bekenntnisse man-

---

124 Vgl. Klein-Reesink; Müller-Friemauth 2009: LOHAS: Mehr als nur Green-Glamour, S. 3

125 Vgl. Oberhofer 2011 (online): LOHAS – Eine Zielgruppe mit hohen Ansprüchen

126 Oberhofer 2011 (online): LOHAS – Eine Zielgruppe mit hohen Ansprüchen

127 Vgl. Klein-Reesink, Müller-Friemauth 2009: LOHAS: Mehr als nur Green-Glamour, S. 7

cher Stars zu einem nachhaltigeren Lebensstil. Dadurch entstanden in den gesamten USA nach und nach Trends wie der nachhaltige Anbau von Nahrungsmitteln, der ökologische Häuserbau oder das Fahren von umweltfreundlichen Autos. Der Begriff selbst wurde von dem amerikanischen Soziologen Paul H. Ray und der Psychologin Sherry R. Anderson geprägt. Sie erforschten gemeinsam in einer dreizehnjährigen Studie nachhaltigkeitsorientierte Bewegungen in den USA und brachten schließlich im Jahr 2000 die ersten Ergebnisse hervor. Laut der Studie begannen in den USA bereits 1960 erste Bevölkerungsgruppen neue Wertedimensionen und Lebensstile zu entwickeln. Diese breiteten sich über die Jahre hinweg immer weiter aus, bis sie schließlich durch die Entwicklung des Internets im Jahr 2005 auch nach Deutschland gelangten. Seither sind die LOHAS auch in Deutschland weit verbreitet und gelten mittlerweile als eine der bedeutendsten Konsumentengruppe.[128] Im Jahr 2011 zählten rund elf Millionen Menschen zu dieser Gruppe.[129]

5.3 Lebensstil und Werte

Wie bereits erwähnt, gelten die LOHAS als Initiatoren für Nachhaltigkeitsthemen. Sie „sind Menschen, die einen ethisch korrekten Konsum- und Lebensstil verfolgen, der sich an Gesundheit und Nachhaltigkeit orientiert."[130] Dabei haben sie verschiedene Werte, die für sie von Bedeutung sind. Abbildung 11 zeigt dazu eine Übersicht.

---

[128] Vgl. Klein-Reesink; Müller-Friemauth 2009: LOHAS: Mehr als nur Green-Glamour, S. 8 - 10

[129] Vgl. Christiansen 2015 (online): LOHAS – eine nicht zu unterschätzende Verbrauchergeneration

[130] Christiansen 2015 (online): LOHAS – eine nicht zu unterschätzende Verbrauchergeneration

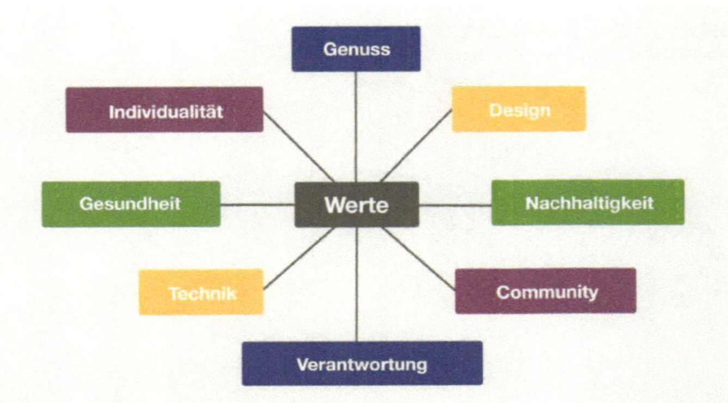

Abbildung 11: Werteübersicht der LOHAS[131]

Wie in der Abbildung ersichtlich, gibt es verschiedene Werte, die als Kern-Charakteristika der einzelnen LOHAS-Typen angesehen werden. Dabei werden die LOHAS auch als eine „Sowohl-als-auch-Gesellschaft" bezeichnet, denn sie sind technikaffin, aber auch naturbezogen. Zudem achten sie auf Gesundheit, wobei aber der Genuss nicht vernachlässigt werden darf. Sie gelten als individuell, aber nicht elitär, sowie modern und zugleich wertebewusst. Außerdem haben sie einen starken Wirklichkeitsbezug, sind aber dennoch spirituell angehaucht.[132] Für jeden Anhänger der LOHAS ist es wichtig, im Hinblick auf sein ausgeprägtes Verantwortungsbewusstsein durch sein Verhalten als eine Vorbildfunktion zu fungieren. Dabei können diese einzelnen Werte je nach Gruppe unterschiedlich ausgeprägt sein. Daraus ergeben sich letztendlich fünf verschiedene LOHAS-Typen, die in Abbildung 12 dargestellt werden.

---

[131] Eigene Darstellung in Anlehnung an eine Studie von Klein-Reesink und Müller-Friemauth: LOHAS: Mehr als Green-Glamour. 2009. S. 6

[132] Vgl. Kirig, Rauch, Wenzel 2007: Zielgruppe LOHAS, S. 33

Abbildung 12: Die Wertedimensionen und Mind Sets der 5 LOHAS Typen[133]

Der verantwortungsbewusste Familienmensch legt besonderen Wert auf Nachhaltigkeit. Er macht sich viele Gedanken darüber, wie er seinen „Ökologischen Fußabdruck" so minimal wie möglich halten kann. Beim Connaisseur dagegen liegt der Fokus auf dem Design und dem Genuss von Produkten. Für ihn ist gutes Essen und Trinken besonders wichtig. Die Weltenbürgerin legt ihren Schwerpunkt auf modernste Technik und Community. Für sie ist es von Bedeutung, viel zu reisen und dabei neue Leute kennenzulernen, mit denen sie sich austauschen kann. Außerdem probiert sie gerne neue Technologien aus und möchte immer top informiert sein, was im Internet gerade passiert. Der Statusorientierte zeichnet sich besonders dadurch aus, dass ihm seine eigene Gesundheit und die Individualität besonders wichtig sind. Er ist sehr ich-bezogen und will immer das Bestmögliche aus allem herausholen. Der letzte LOHAS-Typ ist die wertkonservative Moralistin.

---

[133] Eigene Darstellung in Anlehnung an eine Studie von Klein-Reesink und Müller-Friemauth: LOHAS: Mehr als Green-Glamour. 2009. S. 31 - 45

Sie hält sich strikt an Regeln und Normen und gilt als Moralapostel unter den einzelnen Gruppen. Für sie steht Nachhaltigkeit im Vordergrund, wofür sie auch bereit ist Abstriche zu machen.[134]

Im Laufe der letzten Jahre haben sich aus der Zielgruppe der LOHAS zwei Untergruppen herausentwickelt, die als Spezialisierung der LOHAS angesehen werden, nämlich die LOVOS und die PARKOS:

Untergruppe LOVOS:

LOVOS bedeutet "Lifestyle of Voluntary Simplicity". Dabei wird ein stark reduzierter Lebensstil angestrebt, der bis hin zum vollständigen Konsumverzicht reichen kann. Dadurch stellt dieser Personenkreis eine Extremform der LOHAS dar. Ziel der LOVOS ist es, den Alltagszwängen zu entkommen und dadurch ein möglichst eigenständiges und selbstbestimmtes Leben zu führen. Diese Form der Lebensweise wird allerdings sehr unterschiedlich interpretiert. Vom „Total-Aussteiger" bis hin zum konsumkritischen „Normalverbraucher" können alle der Zielgruppe LOVOS angehören.[135]

Untergruppe PARKOS:

Der Begriff PARKOS steht für "pratizipativer Konsum" und gilt ebenfalls als Untergruppe der LOHAS. Dabei zeichnen sich die PARKOS nicht nur durch ihren gesunden und nachhaltigen Lebensstil aus, sondern vor allem durch ihren intensiven Online-Auftritt. Sie beteiligen sich aktiv am Markt und setzen sich stark mit der Kommunikation von Unternehmen und Märkten auseinander. Dadurch wollen sie diese in eine bestimmte Richtung lenken und nach ihren Vorstellungen verändern. Diese Zielgruppe ist in den letzten Jahren stark angewachsen und betrifft laut einer Studie des Marktforschungsinstitutes "Skopos" mittlerweile 21% der Bevölkerung in Deutschland.[136]

---

134 Vgl. Klein-Reesink; Müller-Friemauth 2009: LOHAS: Mehr als nur Green-Glamour, S. 31 - 45
135 Vgl. Lexikon der Nachhaltigkeit 2015 (online): LOHAS
136 Vgl. Lenz 2009 (online): Auf „Lohas" folgt „Parkos"

5.4 Einordnung in Sinus-Milieus

Sinus-Milieus erstellen ein realitätsnahes Bild der soziokulturellen Vielfalt in den unterschiedlichen Gesellschaften. Dabei untersuchen sie die Werte, Lebensstile und Einstellungen der Menschen sowie deren sozialen Hintergrund, um deren Lebenswelt zu verstehen und sie in Zielgruppen einzuteilen. Der Mensch wird hierfür immer als Ganzes betrachtet, um festzustellen, was ihn bewegt und wie er die Welt wahrnimmt.[137] „Sinus-Milieus gruppieren daher Menschen, die sich in ihrer Lebensauffassung und Lebensweise ähneln."[138] Abbildung 13 zeigt die Sinus-Milieus in Deutschland im Jahr 2015.

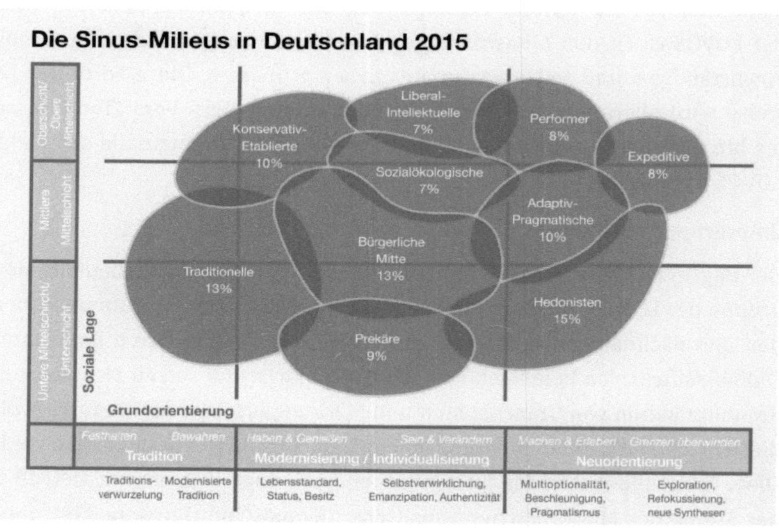

Abbildung 13: Die Sinus-Milieus in Deutschland 2015[139]

Wie aus der Abbildung zu entnehmen ist, gibt es zwei Achsen: Die Schichtachse (Soziale Lage) und die Werteachse (Grundorientierung). Diese Achsen sind wiederum unterteilt in jeweils drei Abschnitte. Je weiter oben ein Milieu in der Grafik dargestellt ist, desto gehobener sind auch Bildung, Einkommen und berufliche

---

[137] Vgl. sinus-institut.de (online): Sinus-Milieus Deutschland

[138] Klein-Reesink; Müller-Friemauth 2009: LOHAS: Mehr als nur Green-Glamour, S. 13

[139] Eigene Darstellung in Anlehnung an das Sinus-Institut (online): Sinus-Milieus Deutschland. o.D.

Stellung der Personen. Je weiter rechts die Position eines Milieus ist, desto moderner ist dessen Grundorientierung. Das Milieu der Konservativ-Etablierten repräsentiert beispielsweise eine Gruppe mit traditionsorientierten Werten und einer mittleren bis oberen sozialen Lage.[140]

Auch die LOHAS können in Sinus-Milieus unterteilt werden, wie im fortlaufenden Abschnitt gezeigt wird. Durch ihren idealtypischen und nachhaltigen Lebensstil sowie ihr hohes Umwelt- und Gesundheitsbewusstsein werden sie mehreren Milieus zugeordnet. Dabei besiedeln die LOHAS ausschließlich ober- bis mittelschichtige Milieus, wie in Abbildung 14 zu sehen ist. Außerdem weisen sie eine Tendenz zum Modernen und Neuwertigen auf. Sie sind also weniger traditionsbewusst, sondern legen Wert auf Individualisierung und Selbstverwirklichung und sind zudem experimentierfreudig. Beim Einkauf achten sie besonders auf die Qualität eines Produktes und haben einen hohen Informationsbedarf was die Herkunft und Produktion eines Produktes betrifft.[141] Die LOHAS sind also vor allem im Milieu des „Etablierten", des „Postmateriellen" und des „Modernen Performers" stark überpräsentiert. Auch im Milieu der Bürgerlichen Mitte sind einige LOHAS Anhänger angesiedelt. In allen anderen Milieus sind sie allerdings eher unterpräsentiert und nur vereinzelt anzutreffen.

---

[140] Vgl. Klein-Reesink; Müller-Friemauth 2009: LOHAS: Mehr als nur Green-Glamour, S. 14
[141] Vgl. Balderjahn, Glöckner, Peyer 2013 (online): LOHAS im Kontext der Sinus-Milieus

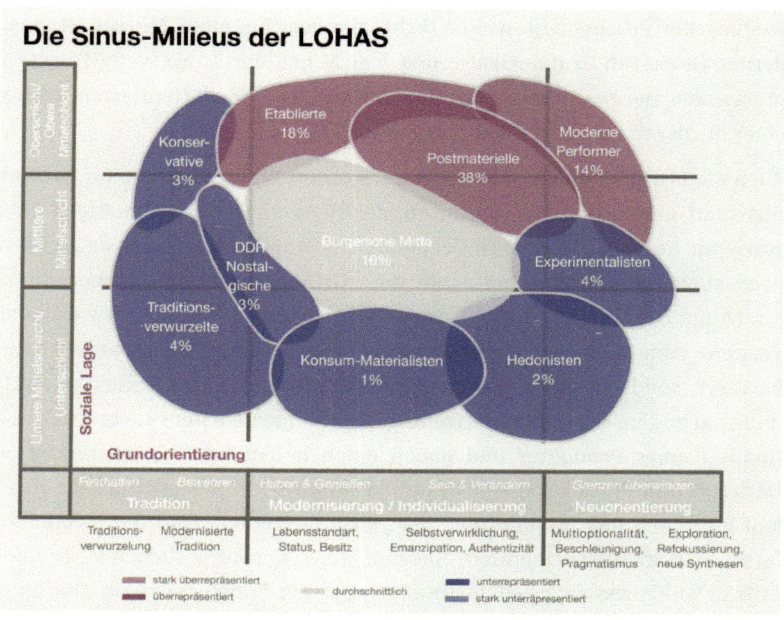

Abbildung 14: Die Milieustruktur der LOHAS[142]

Wie nun gezeigt wurde, legen LOHAS-Anhänger besonderen Wert auf Nachhaltigkeit. Sie sind werteorientiert und verfolgen einen ethisch korrekten Konsum- und Lebensstil. Aus diesen Gründen verkörpern die LOHAS die ideale Zielgruppe für Bulk Shopping.[143] Im praktischen Teil dieser Arbeit geht es nun um die Empirische Untersuchung zum Thema Nachhaltigkeit beim Lebensmitteleinkauf mit Bezug auf Bulk Shopping, um die Akzeptanz dieser Bewegung zu analysieren und Aussagen über deren Zukunftschancen zu treffen.

---

[142] Eigene Darstellung in Anlehnung an Klein-Reesink; Müller-Friemauth 2009: LOHAS: Mehr als nur Green-Glamour, S. 22

[143] Christiansen 2015 (online): LOHAS – eine nicht zu unterschätzende Verbrauchergeneration

6 Hypothesenbildung

Die empirischen Forschungserkenntnisse im Hinblick auf das Einkaufen ohne Verpackung befinden sich noch in den Anfängen. Deshalb bietet dieses Forschungsgebiet eine Vielzahl von Untersuchungsgegenständen, die noch nicht ausreichend behandelt wurden. Um diesem Defizit entgegenzuwirken, wird an dieser Stelle der Arbeit eine empirische Untersuchung zum Thema Bulk Shopping durchgeführt. Als Grundlage dafür wurden bereits bestehende Studien zu ähnlichen Themen genauestens überprüft. Die imug Konsumstudie führte beispielsweise im Jahr 2014 im Auftrag der REWE Group eine Untersuchung zum Thema „Nachhaltigkeit beim Konsum" durch. Hierbei ging es sowohl um Nachhaltigkeit allgemein als auch um Nachhaltigkeit beim Lebensmitteleinkauf.[144] Eine weitere Studie wurde im Auftrag des Naturschutzbund Deutschland e.V. durchgeführt und behandelte das Thema „Nachhaltigkeit beim Kauf von Obst und Gemüse".[145] Ebenfalls mit dem Thema Nachhaltigkeit befasste sich die Umfrage „Verpackungsfreie Lebensmittel – Nische oder Trend?" der PricewaterhouseCoopers AG. Diese untersuchte das Kaufverhalten von Nutzern und deren Bereitschaft für verpackungsfreies Einkaufen.[146] Letztere dient schließlich als Ausgangsbasis für die Hypothesenbildung, da hier der Bezug zur eigenen Untersuchung am größten ist.

6.1 Die Studie der PricewaterhouseCoopers

6.1.1 Methodik der Studie

Nachdem in den letzten Jahren in Deutschland immer wieder Läden eröffnet haben, in denen man verpackungsfreie Lebensmittel einkaufen kann und der Trend zur Nachhaltigkeit immer stärker wurde, beschäftigte sich die PricewaterhouseCoopers AG im Jahr 2015 in ihrer Studie genau mit diesem Thema. Untersucht wurde dabei, ob die Tendenz zu verpackungsfreiem Einkaufen nur eine Nischengruppe betrifft oder ob es sich als Trend in Deutschland durchsetzten kann.

---

[144] Vgl. imug Konsumstudie 2014 (online): Nachhaltiger Konsum: Schon Mainstream oder noch Nische?

[145] Vgl. NABU - Naturschutzbund Deutschland e.V. 2014 (online): Nachhaltigkeit beim Kauf von Obst und Gemüse

[146] Vgl. PricewaterhouseCoopers AG 2015 (online): Verpackungsfreie Lebensmittel – Nische oder Trend?

Als Untersuchungsinstrument diente eine Bevölkerungsbefragung, bei der 1000 Bundesbürger ab 18 Jahren zu diesem Thema befragt wurden. Dadurch ergab sich eine repräsentative Stichprobe als Abbild der deutschen Bevölkerung. 51% der Befragten waren weiblich und 49% männlich. Die Altersstruktur erstreckte sich dabei von 18 Jahren bis 55 Jahre und älter. Befragt wurden Personen aus allen Bundesländern. Der größte Teil der Befragten kam dabei aus Nordrhein-Westfalen.[147]

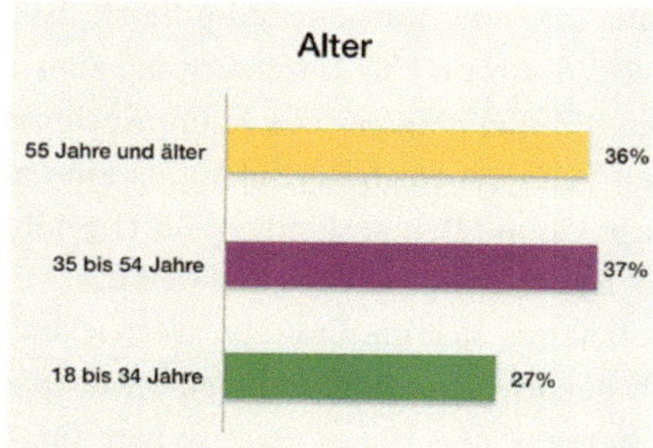

Abbildung 15: Altersübersicht der Befragten[148]

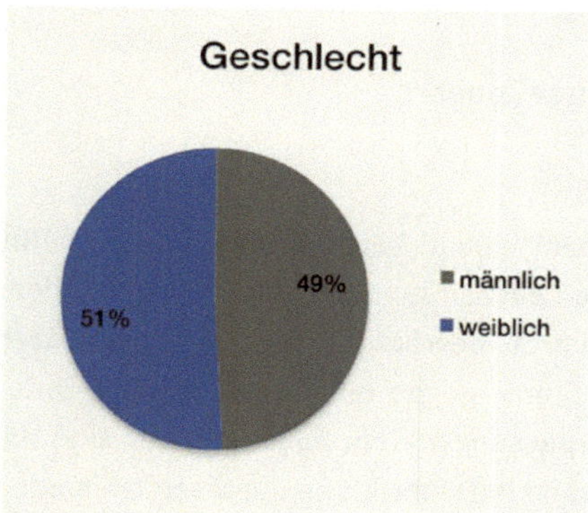

Abbildung 16: Geschlechterübersicht der Befragten[149]

---

[147] Vgl. PricewaterhouseCoopers AG 2015 (online): Verpackungsfreie Lebensmittel – Nische oder Trend?, S. 8

[148] Eigene Darstellung in Anlehnung an die Studie der PricewaterhouseCoopers AG: Verpackungsfreie Lebensmittel – Nische oder Trend?, 2015, S. 8

[149] Eigene Darstellung in Anlehnung an die Studie der PricewaterhouseCoopers AG: Verpackungsfreie Lebensmittel – Nische oder Trend?, 2015, S. 8

6.1.2 Kernergebnisse der Studie

Durch die Studie wurde herausgefunden, dass 82% der Befragten bereit wären, ihre Lebensmittel ohne Verpackung zu kaufen. 35% davon würden in Geschäften einkaufen, die ausschließlich verpackungsfreie Lebensmittel anbieten. Der Rest würde in herkömmlichen Geschäften und Supermärkten verpackungsfrei einkaufen, wenn es dort die Möglichkeit dafür gäbe. Lediglich 18% würden Lebensmittel nicht unverpackt kaufen. Allein dieses Ergebnis zeigt bereits das große Interesse an einem nachhaltigeren Konsum.

Des Weiteren gaben 64% der Teilnehmer an, dass sie auf Verpackungen verzichten würden, um Verpackungsmüll zu reduzieren und die Umwelt zu schonen. Etwa die Hälfte der Befragten sahen es außerdem als Vorteil an, dass sie dabei genau die benötigte Menge kaufen können und etwa ein Drittel würde gern den Kontakt mit gesundheitsschädlichen Stoffen, die in den Verpackungen enthalten sind, vermeiden. Im Gegensatz dazu wurden die Teilnehmer nach Gründen gefragt, warum sie auf Verpackungen eher nicht verzichten möchten. Dabei wurden die wichtigen Informationen, die die Verpackungen enthalten, wie beispielsweise Inhaltsstoffe oder Haltbarkeitsdatum, als Hauptgrund genannt. Zudem waren 34% der Befragten der Meinung, dass verpackte Lebensmittel sich besser lagern lassen. Ein Viertel äußerte Bedenken, was die Hygiene unverpackte Lebensmittel betrifft.

Bei der Frage, welche Produkte sie ohne Verpackung kaufen würden, gaben 92% der Befragten Obst und Gemüse an. Rund 70% wären sogar bereit, Trockenprodukte wie Mehl, Reis, Nudeln und Linsen unverpackt zu kaufen. Auch Gewürze sowie Fleisch- und Wurstwaren würde ein Großteil verpackungsfrei einkaufen. Lediglich bei flüssigen Lebensmitteln wie Essig, Öl oder Säfte äußerte sich die Mehrheit der Befragten skeptisch.

Die Teilnehmer wurden auch gefragt, ob sie bereit wären, für verpackungsfreie Lebensmittel einen höheren Preis zu bezahlen und einen weiteren Anfahrtsweg in Kauf zu nehmen. Immerhin 18% würden eine Preiserhöhung um bis zu 5% akzeptieren. 69% dagegen wären nicht bereit, einen Aufpreis zu bezahlen. Einen zusätzlichen Weg von maximal zwei Kilometern würden 31% der Befragten in Kauf nehmen. Etwa die Hälfte der Teilnehmer würde dafür allerdings keine weiteren Strecken fahren.

6.1.3 Bewertung der Ergebnisse

Zusammenfassend zeigen die Ergebnisse dieser Studie, dass ein Großteil der Bevölkerung sich durchaus vorstellen kann, beim Lebensmitteleinkauf zumindest teilweise auf Verpackungen zu verzichten. Als Hauptmotiv wird der Umweltschutz durch die Reduzierung von Verpackungsmüll genannt. Viele der Befragten sind durchaus bereit, dafür gewisse Einschränkungen oder Unbequemlichkeiten in Kauf zu nehmen, auf den herkömmlichen Supermarkt will die Mehrheit der Befragten dennoch nicht verzichten.

Um diese Entwicklung nun weiter zu untersuchen, beschäftigt sich das siebte Kapitel mit genau diesem Thema. Jedoch werden im Voraus aus den nun gewonnenen Ergebnissen Hypothesen abgeleitet, die anschließend durch die eigene Umfrage überprüft werden.

6.2 Ableitung von Hypothesen

(1) Die Bereitschaft zu nachhaltigem Konsum ist abhängig von sozialdemografischen Merkmalen wie Alter, Bildung und Einkommen.

(2) Die Hauptmotive der Verbraucher, beim Lebensmitteleinkauf auf Verpackungen zu verzichten, sind vor allem ökologischer Natur.

(3) Der Hauptgrund, warum Verbraucher nicht auf Verpackungen verzichten wollen, sind die wichtigen Informationen, die die Verpackungen enthalten.

(4) Personen, die einen höheren Bildungsabschluss haben und über ein höheres Einkommen verfügen, sind eher bereit, für verpackungsfreie Lebensmittel einen höheren Preis zu bezahlen sowie einen weiteren Weg zu fahren.

6.3 Aufstellung eigener Hypothesen

(5) Bulk Shopping ist in der Gesellschaft noch relativ unbekannt und stellt daher einen Nischentrend dar.

(6) Personen, denen Nachhaltigkeit wichtig ist und die bereits nachhaltig konsumieren, sind auch eher bereit, Lebensmittel unverpackt einzukaufen.

(7) Das Interesse am Thema Nachhaltigkeit ist bei Personen der Altersgruppe 21 bis 30 Jahre größer als bei denen der Altersgruppe 41 bis 50 Jahre.

7 Empirische Untersuchung zum Thema Bulk Shopping

Nachdem in Kapitel sechs ein Überblick über die bereits bestehenden Forschungsergebnisse zum Thema Nachhaltigkeit beim Lebensmitteleinkauf gegeben und daraus resultierend Hypothesen abgeleitet wurden, folgt nun die eigene empirische Untersuchung zu diesem Thema mit Bezug auf Bulk Shopping. Ziel dieser Untersuchung ist es, die aufgestellten Hypothesen zu überprüfen und herauszufinden, ob sich der Trend zum verpackungsfreien Einkaufen in Deutschland durchsetzen kann. Hierfür wird im folgenden Abschnitt das Konzept der Umfrage vorgestellt. Es beinhaltet sowohl den Forschungsgegenstand als auch die Methodik und den Untersuchungsraum. Anschließend erfolgt dann die Auswertung und Zusammenfassung der Ergebnisse sowie die Überprüfung der Hypothesen.

7.1 Konzept der Umfrage

7.1.1 Forschungsgegenstand

Die empirische Untersuchung dient dazu, die theoretischen Grundlagen von Bulk Shopping zu bestätigen und noch tiefgreifender zu untersuchen. Dafür soll mithilfe einer Umfrage zunächst herausgefunden werden, wie Verbraucher allgemein zum Thema Nachhaltigkeit stehen und ob ihnen der Begriff Bulk Shopping bereits bekannt ist. Anschließend wird die Akzeptanz zum Thema „verpackungsfreies Einkaufen" untersucht und auf Zusammenhänge mit sozialdemografischen Merkmalen überprüft. Ziel der Untersuchung ist es, herauszufinden, ob diese Trendbewegung auch flächendeckend Zukunftschancen hat oder ob Bulk Shopping ein Nischentrend bleiben wird.

Als Grundlage für die Umfrage diente, wie bereits erwähnt, die Studie der PricewaterhouseCoopers AG aus dem Jahr 2015. Auf deren Basis und auf Grundlage der theoretischen Kenntnisse wurden die Hypothesen gebildet, die es durch die eigene Untersuchung zu überprüfen gilt. In der Studie der PricewaterhouseCoopers AG ging es hauptsächlich um die Akzeptanz gegenüber verpackungsfreiem Einkaufen. Als Ergänzung dazu sollen in der eigenen Umfrage auch die allgemeine Einstellung zum Thema Nachhaltigkeit sowie die Zusammenhänge mit sozialdemografischen Merkmalen überprüft werden.

7.1.2 Methodik der Umfrage

Als geeignetes Instrument für die Umfrage wurde ein Fragebogen gewählt, denn damit konnten innerhalb kürzester Zeit viele Personen unterschiedlicher Altersgruppen und Gesellschaftsschichten gleichzeitig erreicht werden. Um Unklarheiten und Unverständlichkeiten zu vermeiden, wurden die Fragen so einfach wie möglich gehalten. Außerdem wurden verschiedene Fragetypen verwendet, wie zum Beispiel Ja/Nein–Fragen, offene Fragen und geschlossene Fragen. Die Umfrage war aufgeteilt in drei Bereiche, die nachfolgend beschrieben werden.

Allgemeine Einstellung zum Thema Nachhaltigkeit

Die Befragung startete mit allgemeinen Fragen zum Thema Nachhaltigkeit um herauszufinden, welche Einstellung die Teilnehmer dazu haben, wie groß ihr Bewusstsein für nachhaltigen Konsum ist und ob und wie sie Nachhaltigkeit im täglichen Leben bereits umsetzen. Diese Fragen dienten dazu, die Personen zunächst an das Thema heranzuführen und später mögliche Zusammenhänge zwischen der Bereitschaft zur Nachhaltigkeit und der Akzeptanz von Bulk Shopping herzustellen.

Bekanntheit und Akzeptanz von Bulk Shopping

Im Anschluss wurden die Teilnehmer dann gefragt, ob sie den Begriff Bulk Shopping schon einmal gehört haben. Unabhängig davon, wie geantwortet wurde, erfolgte eine kurze Erklärung zu diesem Begriff, damit alle Befragten über denselben Wissensstand verfügten. Schließlich folgten gezielte Fragen zum verpackungsfreien Lebensmitteleinkauf, um zu erfahren, welche Produkte die Probanden lose kaufen würden und aus welchen Gründen. Im Gegensatz dazu sollte auch herausgefunden werden, warum die Teilnehmer nicht bereit sind, auf Verpackungen zu verzichten. Um die Akzeptanz von Bulk Shopping Läden zu überprüfen, wurden gezielt Fragen dazu gestellt, wie zum Beispiel welche Eigenschaften diese Läden aufweisen müssten und wie oft die Befragten bereit wären, dort einzukaufen.

Soziodemografische Merkmale

Im Schlussteil der Umfrage wurden noch die sozialdemografischen Merkmale der Teilnehmer erfragt, um später mögliche Zusammenhänge aufzuzeigen. Dabei sollten Angaben über Bildungsabschluss, Beschäftigungsverhältnis, Einkommen sowie Alter und Geschlecht gemacht werden. Anhand dieser Ergebnisse war es schließlich möglich, Gruppierungen zu bilden, um differenziertere Resultate zu erzielen.

7.1.3 Untersuchungsraum

Als Basis der Befragung diente das Tool umfrageonline.com, in dem der Fragebogen erstellt wurde. Auf Grund der hohen Internetaffinität unserer Gesellschaft schien eine Online-Befragung das geeignete Werkzeug, durch das es möglich war, innerhalb kürzester Zeit möglichst viele Teilnehmer zu erreichen. Die Vielzahl der unterschiedlichen Fragearten ermöglichte es schließlich, einen umfangreichen und vielfältigen Fragebogen zu erstellen.

Die Erhebung richtete sich an alle Altersgruppen, um eine möglichst repräsentative und ausgewogene Stichprobe der Bevölkerung zu erhalten. Dabei wurde das Alter in Zehnerschritten abgefragt, wobei jedoch alle Befragten unter 21 Jahren und alle über 60 Jahren in jeweils eine Gruppe zusammengefasst wurden. Um eine möglichst hohe Teilnehmerzahl zu erhalten, wurde die Umfrage sowohl an die Studierenden der Hochschule Neu-Ulm als auch an Freunde und Bekannte geschickt. Dadurch konnte ein relativ ausgewogenes Umfrageergebnis erzielt werden, in dem alle Altersgruppen vertreten waren. Der Zeitraum der Befragung erstreckte sich über zwei Wochen.

7.2 Auswertung der Umfrageergebnisse

Nach Abschluss der Umfrage geht es nun an die Auswertung der Umfrageergebnisse. Dabei werden zunächst die Ergebnisse der sozialdemografischen Merkmale aufgezeigt und anschließend die Ergebnisse in Bezug auf Bulk Shopping charakterisiert.

Sozialdemografische Merkmale

Insgesamt nahmen 305 Personen an der Umfrage teil, wovon 302 den Fragebogen vollständig beantwortet haben. Von diesen 302 Befragten zählt der Großteil zur Altersgruppe 21 bis 30 Jahre. Zudem nahmen mehr Frauen (59,9%) als Männer (40,1%) an der Umfrage teil, was vermutlich daran liegt, dass heutzutage immer noch mehr Frauen als Männer den Lebensmitteleinkauf erledigen und sich deshalb eher angesprochen fühlten. Abbildung 16 und 17 zeigen die Alters- und Geschlechterverteilung der Teilnehmer.

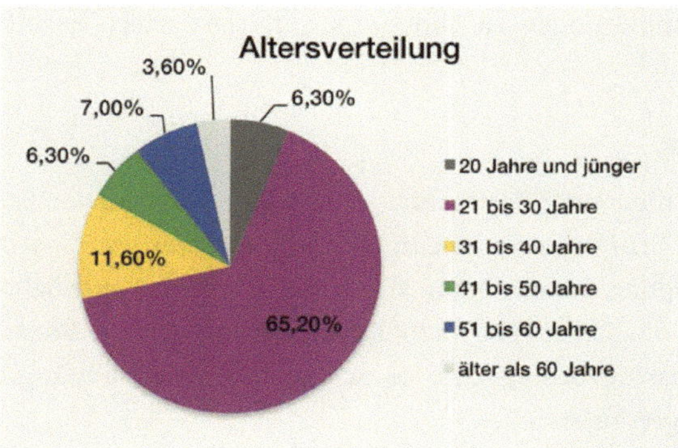

Abbildung 17: Altersverteilung der Teilnehmer[150]

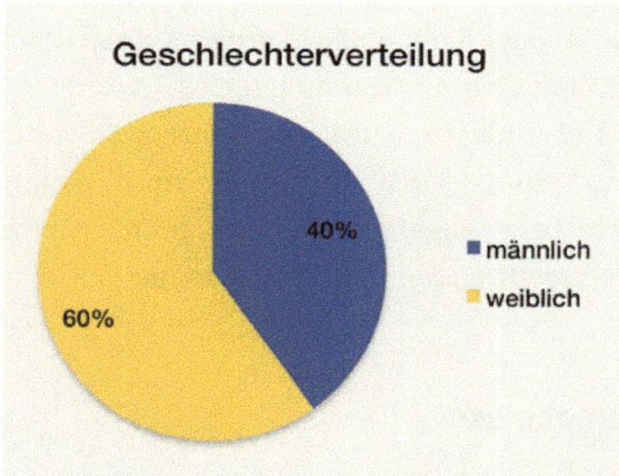

Abbildung 18: Geschlechterverteilung der Teilnehmer[151]

Die Auswertung zeigt auch, dass ein Großteil der Befragten einen hohen Bildungsabschluss hat. Rund 58% der Teilnehmer haben Abitur oder Fachabitur und etwa 30% sogar einen Hochschulabschluss. Bei der Frage nach ihrem aktuellen Beschäftigungsverhältnis gaben fast zwei Drittel (64,6%) Schüler bzw. Student und mehr als ein Viertel (30,8%) Berufstätiger an. Die Verteilung des Nettoeinkommens ist im Vergleich zum Beschäftigungsverhältnis eher ausgewogen. Knapp 40% verdienen monatlich weniger als 1000€ was daran liegt, dass überwiegend Schüler und Studenten an der Umfrage teilgenommen haben. Die nachfolgenden

---

[150] Eigene Darstellung in Anlehnung an die eigene Studie: Trendbewegung Bulk Shopping – Einkaufen ohne Verpackung

[151] Eigene Darstellung in Anlehnung an die eigene Studie: Trendbewegung Bulk Shopping – Einkaufen ohne Verpackung

Abbildungen zeigen den Bildungsabschluss, das Beschäftigungsverhältnis und das Nettoeinkommen der Befragten.

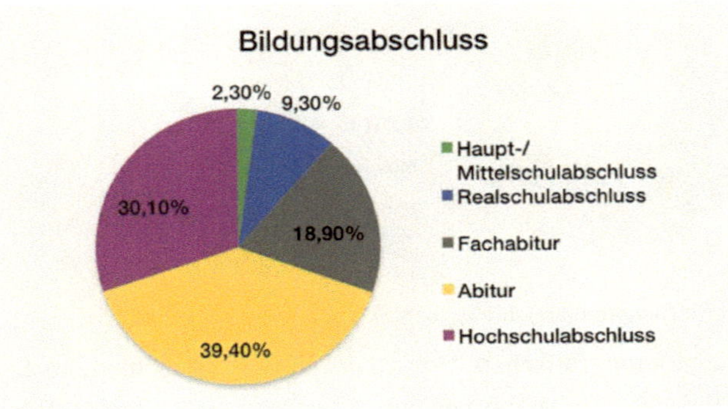

Abbildung 19: Höchster Bildungsabschluss der Teilnehmer[152]

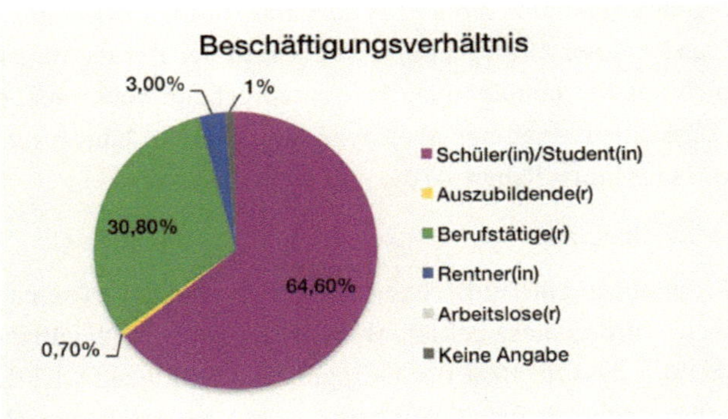

Abbildung 20: Beschäftigungsverhältnis der Teilnehmer[153]

---

152 Eigene Darstellung in Anlehnung an die eigene Studie: Trendbewegung Bulk Shopping – Einkaufen ohne Verpackung

153 Eigene Darstellung in Anlehnung an die eigene Studie: Trendbewegung Bulk Shopping – Einkaufen ohne Verpackung

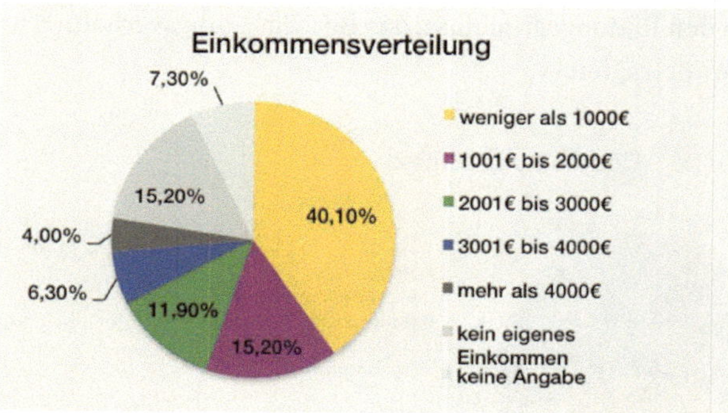

Abbildung 21: Nettoeinkommen der Teilnehmer[154]

Anhand dieser sozialdemografischen Merkmale können verschiedene Schlüsse gezogen werden: Von den 195 Personen der Altersgruppe 21 bis 30 Jahre sind gerade einmal 23 berufstätig. Der Rest sind Schüler bzw. Studenten, von denen die meisten kein eigenes Einkommen oder bis maximal 1000€ monatlich zur Verfügung haben. In den höheren Altersgruppen ist die Zahl der Berufstätigen deutlich größer und auch das Nettoeinkommen fällt entsprechend höher aus. Besonders auffällig ist, dass die Teilnehmer ab einem Alter von 51 Jahren oft einen schlechteren Bildungsabschluss haben als die jüngere Generation.

Nachhaltigkeitsaspekt allgemein

Um Auskunft über die allgemeine Einstellung der Probanden zum Thema Nachhaltigkeit zu erhalten, wurden diese gefragt, wie wichtig ihnen Nachhaltigkeit ist. Dabei stellte sich heraus, dass für 82% der Befragten Nachhaltigkeit wichtig oder sogar sehr wichtig ist. Lediglich für 18% ist sie weniger wichtig bzw. spielt sie keine Rolle. Das zeigt, dass das Bewusstsein für Nachhaltigkeit und deren Wichtigkeit bei einem Großteil der Verbraucher bereits angekommen ist. Bei der Frage, ob sie beim Lebensmitteleinkauf auf die Nachhaltigkeit eines Produktes achten und was sie bereits getan haben, um zur Nachhaltigkeit beizutragen, antworteten 72% der Befragten, dass sie manchmal und 14% sogar immer darauf achten, ob ein Produkt aus einer nachhaltigen Erzeugung stammt. Außerdem hat ein Großteil der Befragten beim Einkauf schon des Öfteren auf Plastiktüten verzichtet und Produkte aus regionaler Herkunft gekauft. Ebenso kaufen viele Obst und Gemüse

---

[154] Eigene Darstellung in Anlehnung an die eigene Studie: Trendbewegung Bulk Shopping – Einkaufen ohne Verpackung

immer wieder ohne Verpackung, um zur Nachhaltigkeit beizutragen. Eine genauere Übersicht dazu bietet die Abbildung 21.

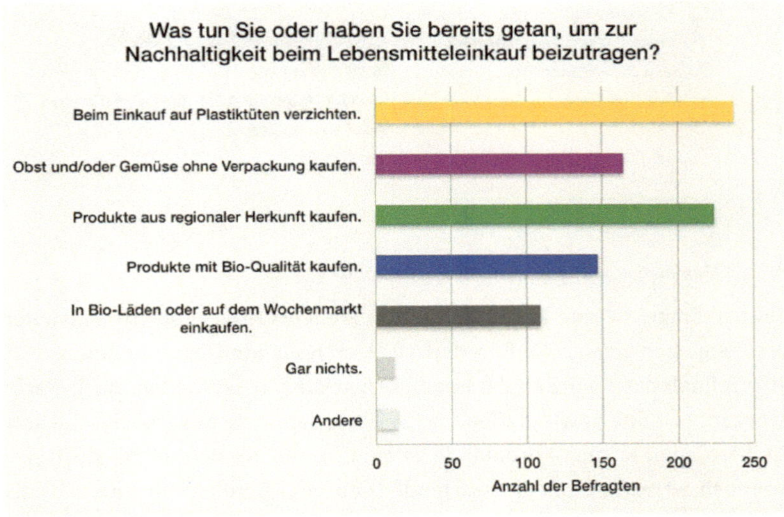

Abbildung 22: Beitrag zur Nachhaltigkeit[155]

Als zusätzliche Antwort auf die Frage, was die Teilnehmer bereits tun, um zur Nachhaltigkeit beim Lebensmitteleinkauf beizutragen, wurde zum Beispiel angegeben, dass vor dem Einkauf genau geplant wird, wie viel man benötigt, um später weniger wegwerfen zu müssen. Außerdem kaufen einige der Befragten Lebensmittel lieber in Glas- statt in Plastikbehältern.

Bekanntheit und Akzeptanz von Bulk Shopping

Im weiteren Verlauf der Umfrage wurden die Teilnehmern gefragt, ob sie den Begriff Bulk Shopping schon einmal gehört haben. Lediglich 35 Personen (11%) beantworteten diese Frage mit ja, der Rest kannte den Begriff vorher nicht. Von diesen 11% kannten die meisten Bulk Shopping aus dem Fernsehen oder von Freunden und Bekannten. Aber auch in Printmedien oder Sozialen Netzwerken haben manche den Begriff schon einmal gelesen.

---

[155] Eigene Darstellung in Anlehnung an die eigene Studie: Trendbewegung Bulk Shopping – Einkaufen ohne Verpackung

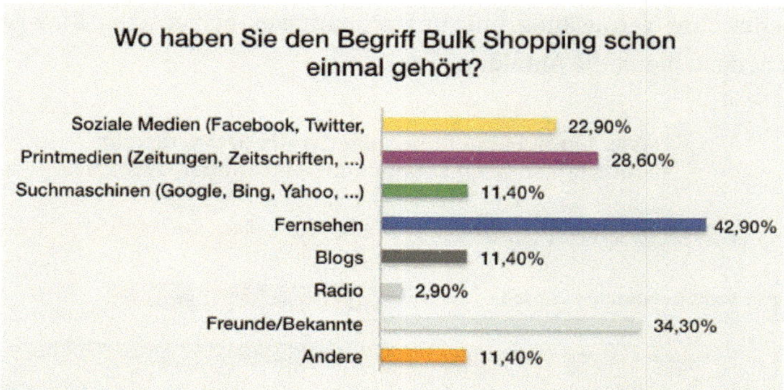

Abbildung 23: Bekanntheit Bulk Shopping[156]

Bei der Frage, welche Produkte die Probanden verpackungsfrei einkaufen würden, zeigt sich eine große Bereitschaft beim Kauf von Obst und Gemüse. 293 von 302 Teilnehmern würden dabei auf Verpackungen verzichten. Auch Backwaren, Trockenprodukte sowie Kaffee und Tee würden viele unverpackt einkaufen. Bei Molkerei- und Kosmetikprodukten ist ein Großteil der Befragten jedoch skeptisch. Dennoch ist zu erkennen, dass tendenziell eine Bereitschaft zum verpackungsfreien Einkauf besteht, denn lediglich vier Personen würden keine der Produkte unverpackt kaufen.

---

[156] Eigene Darstellung in Anlehnung an die eigene Studie: Trendbewegung Bulk Shopping – Einkaufen ohne Verpackung

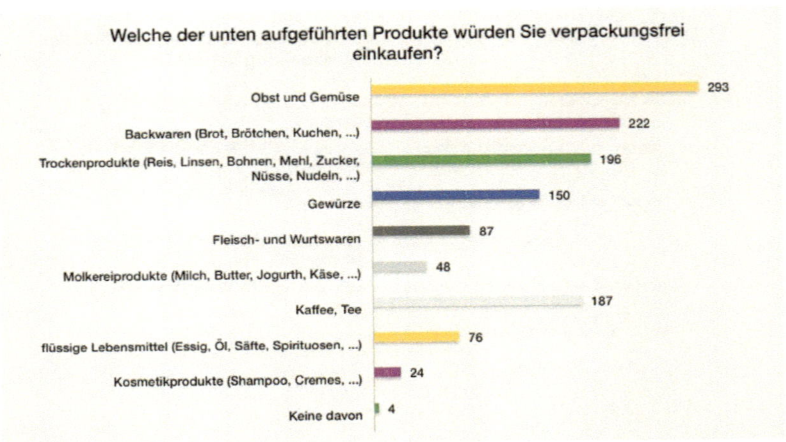

Abbildung 24: Bereitschaft zum unverpackten Einkauf von verschiedenen Lebensmitteln[157]

Die Motive, weshalb die Teilnehmer auf Verpackungen verzichten würden, sind sowohl bei der älteren als auch bei der jüngeren Generation überwiegen ökologischer Natur, wie in Abbildung 24 ersichtlich ist. Zudem sehen viele es als vorteilhaft an, genau die Menge einkaufen zu können, die sie benötigen. 47% der Befragten wollen durch verpackungsfreies Einkaufen verhindern, von Mogelpackungen getäuscht zu werden, was hauptsächlich für die Altersgruppe über 60 Jahre wichtig ist.

---

[157] Eigene Darstellung in Anlehnung an die eigene Studie: Trendbewegung Bulk Shopping – Einkaufen ohne Verpackung

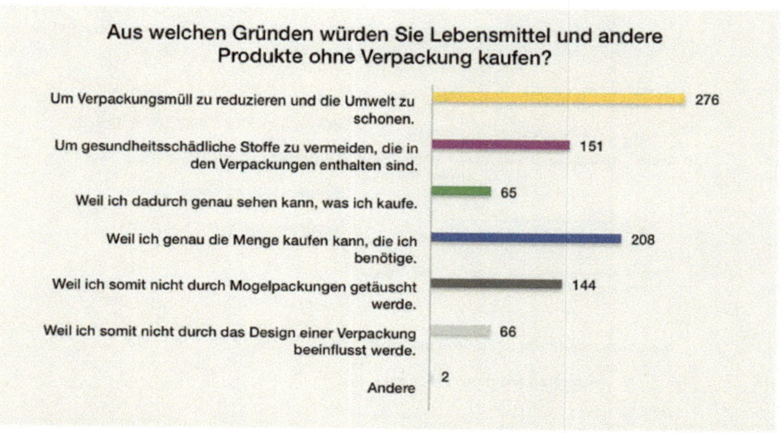

Abbildung 25: Gründe für verpackungsfreies Einkaufen[158]

Im Gegensatz dazu wurden die Teilnehmer auch gefragt, weshalb sie Lebensmittel eher nicht ohne Verpackung kaufen würden, wobei der erhöhte Lager- und Transportaufwand als Hauptgrund genannt wurde. Zudem möchten viele nicht auf die wichtigen Informationen verzichten, die auf den Verpackungen enthalten sind, wie Inhaltsstoffe und Haltbarkeitsdatum. Auch das Mitbringen von eigenen Behältnissen sieht etwa die Hälfte aller Befragten als unpraktisch an. Rund ein Drittel findet es außerdem unhygienisch, Lebensmittel unverpackt einzukaufen.

---

[158] Eigene Darstellung in Anlehnung an die eigene Studie: Trendbewegung Bulk Shopping – Einkaufen ohne Verpackung

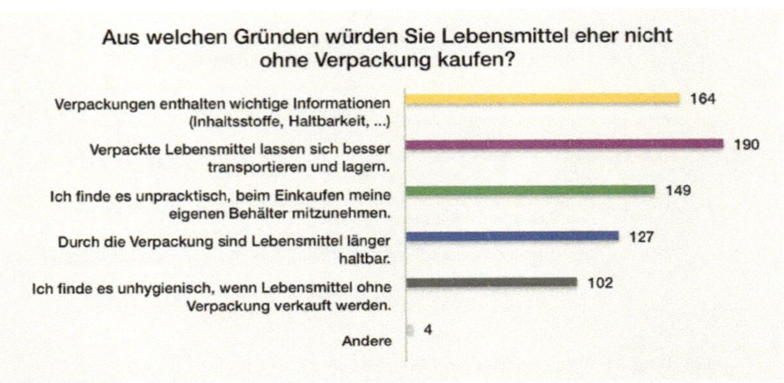

Abbildung 26: Gründe gegen verpackungsfreies Einkaufen[159]

Damit die Menschen in Bulk Shopping Läden einkaufen würden, wäre eine Lage in unmittelbarer Nähe von entscheidender Bedeutung. Interessant ist, dass Personen, die gerade dieses Kriterium als besonders wichtig ansehen, es außerdem unpraktisch finden, beim Einkauf eigene Behälter mitzunehmen und gleichzeitig der Meinung sind, dass Lebensmittel mit Verpackung sich besser lagern und transportieren lassen. Das lässt darauf schließen, dass für viele der Befragten die Einfachheit und Unkompliziertheit beim Einkaufen nach wie vor sehr wichtig ist und sie deshalb keinen erhöhten Aufwand für den Lebensmitteleinkauf betreiben möchten. Fast genauso wichtig wie die Standortnähe wäre für einen Großteil der Teilnehmer, dass in Bulk Shopping Läden überwiegend regionale Produkte und Bio-Qualität angeboten werden. Etwa die Hälfte der Befragten ist ein gleich großes Sortiment wie in herkömmlichen Supermärkten wichtig. Das ist allerdings eher unwahrscheinlich, da es ohnehin schon schwierig ist, überhaupt Produzenten und Lieferanten zu finden, die Lebensmittel unverpackt anbieten.[160] Als zusätzliche Antwort gaben mehrere Befragte an, dass eine einwandfreie Hygiene in den Läden für sie Voraussetzung wäre, um dort einzukaufen.

---

[159] Eigene Darstellung in Anlehnung an die eigene Studie: Trendbewegung Bulk Shopping – Einkaufen ohne Verpackung

[160] Vgl. Schulte 2014 (online): „Original Unverpackt": Supermarkt ohne Verpackungen eröffnet in Berlin

Abbildung 27: Eigenschaften von Bulk Shopping Läden[161]

Bei der Frage, ob die Teilnehmer bereit wären, für verpackungsfreie Lebensmittel einen höheren Preis zu bezahlen, gaben knapp 40% an, nicht mehr dafür bezahlen zu wollen. Etwas mehr als die Hälfte wäre dagegen bereit, bis zu 10% Aufpreis zu akzeptieren. Einen weiteren Weg für den Einkauf von verpackungsfreien Lebensmitteln würden allerdings fast 70% in Kauf nehmen. Auffällig ist, dass diejenigen, die nicht bereit sind mehr Geld zu bezahlen auch überwiegend nicht bereit sind, dafür weiter zu fahren.

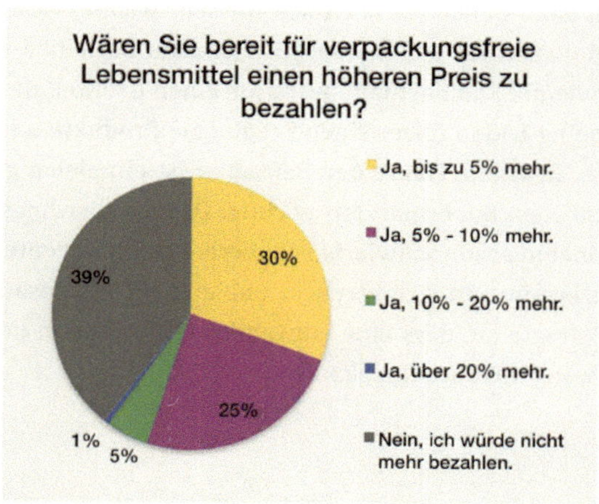

Abbildung 28: Bereitschaft für höhere Preise[162]

---

[161] Eigene Darstellung in Anlehnung an die eigene Studie: Trendbewegung Bulk Shopping – Einkaufen ohne Verpackung

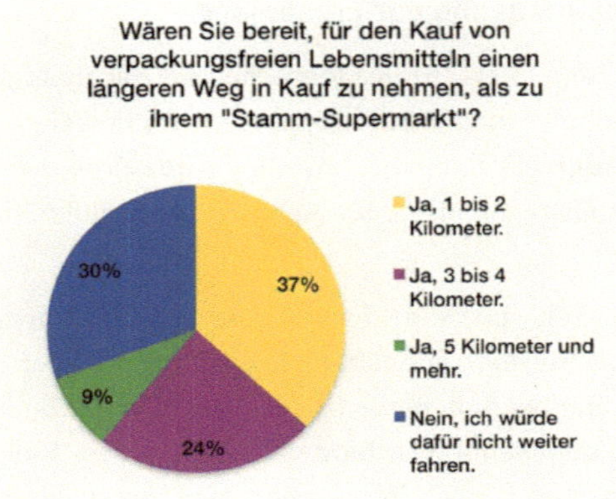

Abbildung 29: Bereitschaft für einen weiteren Weg[163]

Dagegen wären jedoch mehr als Dreiviertel (76,82%) der Befragten bereit, für den Kauf von verpackungsfreien Lebensmitteln eine kleinere Auswahl an Produkten zu akzeptieren. Um letztendlich die Akzeptanz von Bulk Shopping zu überprüfen, wurden die Teilnehmer am Ende noch gefragt, wie oft sie in solch einem Laden einkaufen würden, wenn es einen in ihrer Nähe gäbe. Über 75% würden regelmäßig dort einkaufen. Lediglich drei der Befragten würden dort nie einkaufen.

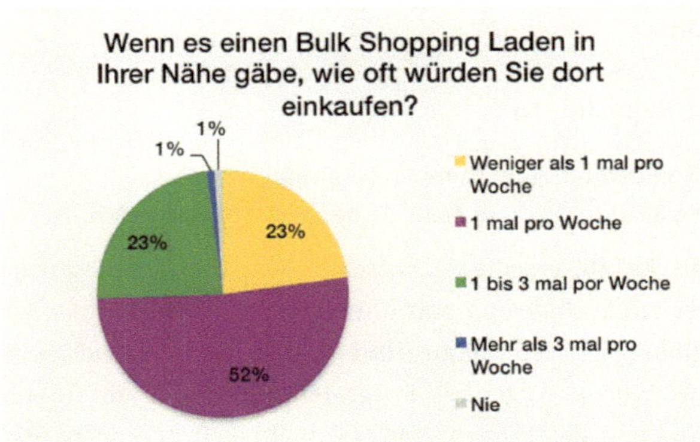

Abbildung 30: Häufigkeit des Einkaufes in Bulk Shopping Läden[164]

---

[162] Eigene Darstellung in Anlehnung an die eigene Studie: Trendbewegung Bulk Shopping – Einkaufen ohne Verpackung

[163] Eigene Darstellung in Anlehnung an die eigene Studie: Trendbewegung Bulk Shopping – Einkaufen ohne Verpackung

7.3 Bewertung und Zusammenfassung der Ergebnisse

Ziel der Untersuchung war es, das Interesse der Menschen an Nachhaltigkeit im Zusammenhang mit der Trendbewegung Bulk Shopping zu untersuchen. Dabei lag das Hauptaugenmerk auf der allgemeinen Einstellung der Probanden zum Thema Nachhaltigkeit und daraus resultierend die Akzeptanz von Bulk Shopping in der Gesellschaft.

Zusammenfassend lässt sich sagen, dass ein überwiegend großes Interesse am Thema Nachhaltigkeit besteht. Außerdem beschäftigt sich ein Großteil der Befragten bereits mit Nachhaltigkeit und handelt umweltbewusst. Der Trend Bulk Shopping ist allerdings noch relativ unbekannt, was darauf hindeutet, dass Bulk Shopping nach wie vor ein Nischentrend ist. Die Bereitschaft zum verpackungsfreien Einkaufen ist jedoch sehr hoch. Besonders bei trockenen Lebensmitteln wären viele bereit, diese ohne Verpackung zu kaufen. Allerdings gibt es auch einige Gründe, die gegen den verpackungsfreien Einkauf von Lebensmitteln sprechen. Besonders die Komfortabilität und Einfachheit steht dabei für viele der Befragten im Vordergrund. Ebenso ist die Lage in unmittelbarer Nähe ausschlaggeben dafür, ob die Teilnehmer in Bulk Shopping Läden einkaufen würden oder nicht.

Im nachfolgenden Abschnitt werden nun die Hypothesen bewertet, die auf Grundlage der PricewaterhouseCoopers-Studie sowie auf Grundlage des theoretischen Wissens gebildet wurden.

7.4 Bewertung der Hypothesen

(1) Die Bereitschaft zu nachhaltigem Konsum ist abhängig von sozialdemografischen Merkmalen wie Alter, Bildung und Einkommen.

Um sozialdemografische Unterschiede zwischen den Befragten aufzuzeigen, musste eine entsprechende Filterung stattfinden. Hierfür wurden zunächst die unterschiedlichen Bildungsabschlüsse auf Unterschiede zum Thema Nachhaltigkeit überprüft. Dabei wurde Folgendes festgestellt: Je höher der Bildungsabschluss ist, desto größer ist das Interesse an Nachhaltigkeit und desto eher handeln diese Personen auch in ihrem Sinne. Für über 93% der Personen mit einem Hochschulabschluss ist Nachhaltigkeit wichtig bzw. sehr wichtig. Dagegen gilt

---

[164] Eigene Darstellung in Anlehnung an die eigene Studie: Trendbewegung Bulk Shopping – Einkaufen ohne Verpackung

dies nur für rund 56% der Personen mit einem Haupt-/Mittelschulabschluss. Rund 14% der Personen mit einem Haupt-/Mittelschulabschluss unternehmen gar nichts, um zur Nachhaltigkeit beim Lebensmitteleinkauf beizutragen. Bei den Personen mit einem höheren Bildungsabschluss ist es nur 1%. Ähnliches konnte auch bei der Filterung nach dem monatlichen Nettoeinkommen festgestellt werden. So legen beispielsweise Personen mit einem monatlichen Nettoeinkommen von 3000€ und mehr deutlich mehr Wert auf Nachhaltigkeit als Personen mit einem niedrigeren Einkommen. Auch in Bezug auf das Alter der Teilnehmer konnten Unterschiede ausgemacht werden. Personen ab einem Alter von 40 Jahren handeln öfter im Sinne der Nachhaltigkeit als die jüngere Generation, was daran liegen kann, dass die ältere Generation im Schnitt mehr Geld für Lebensmittel zur Verfügung hat und demzufolge auch eher bereit ist, mehr Geld dafür auszugeben. Folglich lässt sich also festhalten, dass es deutliche Unterschiede in den sozialdemografischen Merkmalen in Bezug auf die Bereitschaft zum nachhaltigen Handeln gibt. Deshalb kann diese Hypothese bestätigen werden.

(2) Die Hauptmotive der Verbraucher, beim Lebensmitteleinkauf auf Verpackungen zu verzichten, sind vor allem ökologischer Natur.

Um herauszufinden, aus welchen Gründen Verbraucher bereit wären, beim Lebensmitteleinkauf auf Verpackungen zu verzichten, wurden die Teilnehmer der Umfrage gezielt danach gefragt. Dabei wurde mit 91% als Hauptmotiv die Reduzierung des Verpackungsmülls zum Schutz der Umwelt genannt. Dies zeigt, dass die Motivation zu nachhaltigem Handeln überwiegend ökologischer Natur ist. 50% des Befragten gaben auch an, dadurch den Kontakt mit gesundheitsschädlichen Stoffen vermeiden zu wollen, die in den Verpackungen enthalten sind. Als zusätzliche Antwortmöglichkeit wurde von einem Probanden der Schutz der Meere genannt, was ebenfalls ein ökologisches Motiv ist. Daraus lässt sich schließen, dass die Bereitschaft zu nachhaltigem Handeln aus Gründen des Umweltschutzes flächendeckend sehr groß ist und für die Verbraucher mehr Bedeutung hat als die Tatsache, dass sie durch unverpackte Lebensmittel genau die Menge einkaufen können, die sie benötigen oder genau sehen können, was sie kaufen. Somit lässt sich diese Hypothese ebenfalls verifizieren.

(3) Der Hauptgrund, warum Verbraucher nicht auf Verpackungen verzichten wollen, sind die wichtigen Informationen, die die Verpackungen enthalten.

Nicht immer wollen Verbraucher auf Verpackungen verzichten. Dabei wurde als Hauptmotiv mit 63% angegeben, dass verpackte Lebensmittel sich besser lagern und transportieren lassen. Den Aspekt, dass Verpackungen wichtige Informationen wie beispielsweise Haltbarkeitsdatum oder Inhaltsstoffe enthalten, haben nur 54% der Befragten als Grund angegeben. Das deutet darauf hin, dass den Verbrauchern die Einfachheit und Handhabung beim Lebensmitteleinkauf deutlich wichtiger ist als andere Aspekte. Vermutlich hängt dies auch mit der zunehmenden Mobilität und dem Zeitmangel der heutigen Gesellschaft zusammen. Für viele Verbraucher ist Einkaufen kein Genuss, sondern eine Pflicht, die erledigt werden muss. Deshalb muss es für viele so einfach wie möglich sein und möglichst wenig Zeit in Anspruch nehmen.[165] Aus diesem Grund lässt sich diese Hypothese widerlegen.

(4) Personen, die einen höheren Bildungsabschluss haben und über ein höheres Einkommen verfügen, sind eher bereit, für verpackungsfreie Lebensmittel einen höheren Preis zu bezahlen sowie einen weiteren Weg zu fahren.

Um diese Hypothese zu überprüfen, wurden die Ergebnisse zunächst nach den Bildungsabschlüssen gefiltert. Dabei zählten alle Befragten mit Hochschulabschluss, Abitur und Fachabitur zu der Gruppe mit einem höheren Bildungsabschluss. Aus diesen Personen wurden schließlich noch diejenigen mit einem hohen Einkommen (ab 3000€ netto monatlich) herausgefiltert. Am Ende blieben 27 Personen übrig, auf die diese Eigenschaften zutrafen. Von diesen 27 Personen sind rund 70% bereit, einen höheren Preis für unverpackte Lebensmittel zu bezahlen und rund 80% würden einen weiteren Weg in Kauf nehmen. In der Gruppe der Probanden mit einem niedrigeren Bildungsabschluss und einem geringeren Einkommen sind lediglich 37% bereit, einen höheren Preis für verpackungsfreie Lebensmittel zu bezahlen. Die Bereitschaft, einen weiteren Weg zu fahren, ist hier um 10% geringer als bei der anderen Personengruppe. Damit gilt diese Hypothese als zutreffend.

(5) Bulk Shopping ist in der Gesellschaft noch relativ unbekannt und stellt daher einen Nischentrend dar.

Der Begriff Bulk Shopping war zu Beginn der Umfrage 88% der Teilnehmer unbekannt. Lediglich 35 von 302 Befragten hatten bis dato davon schon einmal gehört. Von diesen 35 Personen zählen 80% zur Altersgruppe 21 bis 30 Jahre. Das zeigt,

---

[165] Vgl. Bundesvereinigung der Deutschen Ernährungsindustrie o.D (online).: Der deutsche Außer-Haus- Markt

dass der Begriff vor allem bei der jüngeren Generation bekannt ist. Ein Grund dafür könnte sein, dass Bulk Shopping ein relativ neuer Trend ist, der hauptsächlich online in Sozialen Netzwerken und Blogs kommuniziert wird und dadurch überwiegend jüngere Menschen angesprochen werden. Aufgrund des geringen Bekanntheitsgrades lässt sich sagen, dass Bulk Shopping tatsächlich einen Nischentrend darstellt, der in der Gesellschaft noch nicht weit verbreitet ist und nur eine kleine Zielgruppe anspricht. Aus diesen Gründen lässt sich diese Hypothese bestätigen.

(6) Personen, denen Nachhaltigkeit sehr wichtig ist und die bereits nachhaltig konsumieren, sind auch eher bereit, Lebensmittel unverpackt einzukaufen.

Um diese Hypothese zu untersuchen, mussten die Ergebnisse zunächst danach sortiert werden, für welche Personen Nachhaltigkeit von großer Bedeutung ist. Dabei wurden alle Teilnehmer herausgefiltert, die die Frage, wie wichtig ihnen Nachhaltigkeit ist, mit sehr wichtig beantwortet haben. Von diesen 56 Personen wurden dann diejenigen ermittelt, die beim Einkauf von Lebensmitteln immer oder manchmal auf die Nachhaltigkeit eines Produktes achten. Anschließend wurden noch diejenigen bestimmt, die bereits nachhaltig handeln, indem sie zum Beispiel beim Einkauf auf Plastiktüten verzichten oder Produkte aus regionaler Herkunft kaufen. Nach diesen Filterungen blieben letztendlich 23 Personen übrig, auf die alle Eigenschaften zutreffen. Diese 23 Teilnehmer wurden nun auf ihre Einstellung zum verpackungsfreien Einkaufen überprüft. Dabei zeigt sich, dass eine überwiegend große Bereitschaft dazu bei den verschiedensten Produkten besteht. Selbst Kosmetikprodukte würde jeder dritte von ihnen unverpackt einkaufen. Gründe, warum diese Personen nicht auf Verpackungen verzichten würden, wurden deutlich seltener genannt. Lediglich die Tatsache, dass sich verpackte Lebensmittel besser transportieren und lagern lassen gaben 47% zu bedenken. Zwei der Befragten gaben sogar an, dass es für sie keinen Grund gäbe, nicht auf Verpackungen zu verzichten. Knapp 74% wären sogar bereit, einen höheren Preis für unverpackte Lebensmittel zu bezahlen und 82,6% würden einen weiteren Weg in Kauf nehmen. Bei der Frage, wie oft die Teilnehmer in Bulk Shopping Läden einkaufen würden ist auffällig, dass alle Probanden, denen Nachhaltigkeit sehr wichtig ist, auch regelmäßig in solchen Läden einkaufen würden.

Um die Hypothese belegen bzw. widerlegen zu können, mussten auch die anderen Teilnehmer betrachtet werden, denen Nachhaltigkeit nicht wichtig ist und die auch beim Lebensmitteleinkauf nicht auf die Nachhaltigkeit eines Produktes achten. Dabei konnte festgestellt werden, dass diese Personengruppe deutlich weniger im Sinne der Nachhaltigkeit handelt. Nur 29% haben beim Einkauf schon mal auf Plastiktüten verzichtet oder Produkte aus regionaler Herkunft gekauft. Viele der Befragten dieser Gruppe würden lediglich beim Kauf von Obst und Gemüse auf Verpackungen verzichten, bei allen anderen Produkten ist die Bereitschaft deutlich niedriger. Vier der 21 Personen würden sogar keine Lebensmittel unverpackt kaufen. Auf Verpackungen verzichten würden nur etwa 58% aus Umweltschutzgründen. Wichtiger ist es dieser Personengruppe, dass sie dadurch nicht von Mogelpackungen getäuscht werden können. 70% der Befragten nannten dies sogar als Hauptgrund, der für den Kauf von unverpackten Lebensmitteln spricht. Als Grund, weshalb sie Lebensmittel nicht ohne Verpackung kaufen würden, gaben 82% den erhöhten Lager- und Transportaufwand an. 76% sind zudem der Meinung, dass unverpackte Lebensmittel unhygienisch sind. Ebenfalls 76% sind nicht bereit, für unverpackte Lebensmitte mehr Geld zu bezahlen und mehr als die Hälfte würde keinen weiteren Weg fahren. Rund 12% der Befragten dieser Gruppe würden nach eigenen Angaben nie in Bulk Shopping Läden einkaufen und nur etwa die Hälfte höchstens einmal pro Woche.

Aus diesen Ergebnissen lässt sich schließen, dass bei Personen, denen Nachhaltigkeit besonders wichtig ist und die auch bereits im Sinne der Nachhaltigkeit konsumieren, auch die Bereitschaft zum Kauf von verpackungsfreien Lebensmitteln und die Akzeptanz von Bulk Shopping Läden deutlich höher ist. Deshalb lässt sich diese Hypothese verifizieren.

(7) Das Interesse am Thema Nachhaltigkeit ist bei Personen der Altersgruppe 21 bis 30 Jahre größer als bei denen der Altersgruppe 41 bis 50 Jahre.

Zur Überprüfung dieser Hypothese wurden zunächst alle Personen der Altersgruppe 21 bis 30 Jahre herausgefiltert, um deren Einstellungen zum Thema Nachhaltigkeit zu überprüfen. Von den 197 Personen, die dieser Altersgruppe angehören, empfinden 17% Nachhaltigkeit als sehr wichtig. Für 18% ist Nachhaltigkeit weniger wichtig oder überhaupt nicht wichtig. Nur rund 12% achten beim Lebensmitteleinkauf immer auf die Nachhaltigkeit eines Produktes. Dagegen haben 78% beim Einkauf schon auf Plastiktüten verzichtet und 68% haben schon Produkte aus regionaler Herkunft gekauft. 11 Personen gaben an, gar nichts zur Nachhaltigkeit beim Lebensmitteleinkauf beizutragen. Der Personengruppe der 41- bis 50-Jährigen entsprechen 19 Teilnehmer. Von diesen 19 Personen ist der Aspekt der Nachhaltigkeit für 42% sehr wichtig und für 58% wichtig. Keine dieser Personen empfinden Nachhaltigkeit als weniger wichtig oder überhaupt nicht wichtig. Außerdem zeigt sich, dass 16% immer und 84% manchmal auf die Nachhaltigkeit eines Produktes achten. Bei der Frage, was die Teilnehmer bereits getan haben, um zur Nachhaltigkeit beim Lebensmitteleinkauf beizutragen, gaben knapp 90% an, schon öfter auf Plastiktüten verzichtet und Produkte aus regionaler Herkunft gekauft zu haben. Da die Altersgruppe der 41- bis 50-Jährigen deutlich weniger vertreten ist, ist es schwierig eine repräsentative Aussage zu treffen. Dennoch zeigt sich, dass das Interesse und die Bereitschaft nachhaltig zu handeln bei der älteren Generation höher ist als bei der jüngeren. Für die älteren Teilnehmer ist Nachhaltigkeit wesentlich wichtiger und sie tragen auch mehr zur Nachhaltigkeit bei. Aus diesen Gründen lässt sich diese Hypothese widerlegen.

8 Expertenmeinungen zum Thema Bulk Shopping

Dieses Kapitel der Arbeit soll dazu dienen, einen differenzierteren Einblick in das Thema Bulk Shopping anhand von Expertenmeinungen zu erhalten und zu erfahren, wie Bulk Shopping in der Praxis bei den Verbrauchern angenommen wird. Hierfür wurden drei verschiedene Läden ausgewählt, die dem Prinzip des Bulk Shoppings folgen. Aus allen drei Läden konnte ein Experte gewonnen werden, der bereit war, an einem kurzen Interview teilzunehmen und über seine Erfahrungen zu berichten. Die Namen der Experten werden aus Datenschutzrechtlichen Gründen abgekürzt.

Experteninterview 1:

Anja M. ihr Ziel war es, nach ihrer Diplomarbeit im Bereich „Meeresbiologie" bei Greenpeace für den Meeresschutz zu arbeiten. Laut eigener Aussage wollte sie sich damals aus Protest an einen Walfischfänger anketten. Das habe Greenpeace aber nicht so gern gewollt. Deshalb betreibt sie heute indirekt Meeresschutz, indem sie einen Laden betreibt, der völlig auf Plastikmüll verzichtet. Im Oktober 2015 eröffnete sie mit Hilfe einer Crowdfunding-Kampagne ihren Bulkshopping Laden. Mit ihrem Konzept möchte sie die Menschen auf einen umweltfreundlicheren Einkauf aufmerksam machen und zum Umweltschutz anregen.

In Ihrem Laden folgen Sie dem Prinzip des Bulk Shoppings. Wie wird diese Art des Einkaufens bei Ihren Kunden angenommen? Wie groß ist das Interesse Ihrer Kunden an einem nachhaltigeren Konsum?

In unseren Laden kommen logischerweise fast ausschließlich Kunden, die sich nachhaltig ernähren wollen und denen der Plastikmüll auf den Geist geht.

Wie sieht Ihr überwiegendes Kundenklientel aus? Wie würden Sie diese Menschen beschreiben?

Die Kunden sind zwischen 20 und 92 Jahre alt, Akademiker oder auf dem Weg dahin und sowohl männlich als auch weiblich gleichermaßen.

Welche Produkte werden bei Ihnen am häufigsten gekauft und welche eher weniger ?

Trockenprodukte werden am häufigsten gekauft. Weniger gut gehen Brot und Backwaren sowie Käse.

Wie nehmen Ihre Kunden die Tatsache an, dass sie für den Einkauf eigene Behälter mitbringen müssen? Werden diese öfter mal vergessen oder denken ihre Kunden in der Regel daran?

Viele Kunden kommen gezielt und haben dann auch ihre Behälter dabei. Aber es passiert auch häufig, dass Behälter vergessen werden oder zu wenig Behälter mitgebracht werden. Der Mensch ist ein Gewohnheitstier und muss sich in seinem Einkaufsverhalten erst umstellen.

Wie sehen Sie die Entwicklung von Bulk Shopping in Deutschland. Denken Sie, dass sich dieser Trend flächendeckend durchsetzen kann? Oder sind Sie der Meinung, dass Bulk Shopping ein Nischentrend bleiben wird?

Das ist zum heutigen Zeitpunkt schwer zu sagen. Es wird meines Erachtens keine Welle sein, von der in 2 Jahren kein Mensch mehr spricht, aber ich glaube auch nicht, dass demnächst in jedem Supermarkt Bulk Bins stehen werden.

Experteninterview 2:

Stephanie A. arbeitete vor ihrer Selbstständigkeit als Ernährungsberaterin. In ihrem Beruf war sie täglich mit dem Thema Ernährung konfrontiert und erkannte, dass die Menschen sich immer mehr von Fertigprodukten ernähren. Der ausschlaggebende Punkt dafür, einen Laden mit unverpackten Lebensmittel zu eröffnen, war im Jahr 2014, als sie eine Rucksackreise durch Norwegen machte und an einen einsamen Strand kam, der vollkommen zugemüllt war. Das führte dazu, dass sie sich stärker mit dem Thema Plastikmüll befasste und schließlich 2015 ihren Laden eröffnete, um einen plastikfreien Einkauf zu ermöglichen.

In Ihrem Laden folgen Sie dem Prinzip des Bulk Shoppings. Wie wird diese Art des Einkaufens bei Ihren Kunden angenommen? Wie groß ist das Interesse Ihrer Kunden an einem nachhaltigeren Konsum?

Bei meinen Kunden wurde, nach einer Umgewöhnungszeit, das verpackungsfreie Einkaufen gut angenommen. Die Kunden kommen gezielt zu uns, daher ist bei ihnen das Interesse an einem nachhaltigen Konsum groß.

Wie sieht Ihr überwiegendes Kundenklientel aus? Wie würden Sie diese Menschen beschreiben?

Zu uns kommt jedes Alter und jedes Geschlecht, egal ob Single oder Großfamilie. Stammkunden wie Gelegenheitskäufer halten sich die Waage. Was auffällt ist, dass die meisten Kunden einen gehobenen Schulabschluss haben.

Welche Produkte werden bei Ihnen am häufigsten gekauft und welche eher weniger ?

In folgender Reihenfolge (viel bis wenig) werden die Produkte bei uns gekauft: Müsli, Nüsse, Nudeln, Reis, Süßigkeiten, Körner, Hülsenfrüchte, Gewürze, Waschmittel, Tee.

Wie nehmen Ihre Kunden die Tatsache an, dass sie für den Einkauf eigene Behälter mitbringen müssen? Werden diese öfter mal vergessen oder denken ihre Kunden in der Regel daran?

Wie bereits erwähnt, braucht es eine gewisse Umgewöhnungszeit, danach werden die Behälter immer weniger vergessen. Mit der Zeit ist es automatisiert und man stellt die Behälter gleich zum Einkaufszettel.

Wie sehen Sie die Entwicklung von Bulk Shopping in Deutschland. Denken Sie, dass sich dieser Trend flächendeckend durchsetzen kann? Oder sind Sie der Meinung, dass Bulk Shopping ein Nischentrend bleiben wird?

Schwer zu sagen. Leider denke ich, dass es eher ein Nischentrend bleiben wird. Es gibt noch zu viel Ignoranz der Menschen zum Thema Müll. Zudem wollen viele nicht den Aufwand betreiben.

Experteninterview 3:

Franz S. hat seinen Bulkshopping Laden ins Leben gerufen, da er davon überzeugt ist, dass ein Lebensmittelmarkt sowohl schön und freundlich als auch gesund sein kann. Außerdem ist er der Meinung, dass man sich der Ressourcenvermeidung und Wiederverwendung widmen sollte, um auch der kommenden Generation eine Chance auf ein gutes Leben zu ermöglichen.

In Ihrem Laden folgen Sie dem Prinzip des Bulk Shoppings. Wie wird diese Art des Einkaufens bei Ihren Kunden angenommen? Wie groß ist das Interesse Ihrer Kunden an einem nachhaltigeren Konsum?

Das Interesse ist groß, aber die Hemmschwellen sind ebenfalls sehr groß. Wir haben ein gemischtes Sortiment und verdienen grundsätzlich an frischen Lebensmitteln (Obst, Gemüse, Milch, Imbiss), an Non-Food und Spezialitäten im Glas. Der Umsatz der durch Behälter generiert wird, ist noch gering. In Österreich und Deutschland wird vom Kunden nicht automatisch erkannt, dass Lebensmittel unverpackt etwas günstiger sind. In anderen Ländern in Süd/Westeuropa und den USA ist dies den Menschen bereits bekannt.

Wie sieht Ihr überwiegendes Kundenklientel aus? Wie würden Sie diese Menschen beschreiben?

Entweder sind unsere Kunden sehr jung (trendige, vegetarisch orientierte, weibliche Kunden) oder sehr alt (Pensionisten, die nur geringe Mengen benötigen und den Service schätzen). Die Gruppe zwischen 30 und 50 Jahre ist bei uns am geringsten vertreten.

Welche Produkte werden bei Ihnen am häufigsten gekauft und welche eher weniger?

Bei unseren Waren, die in Bulks angeboten werden, verkaufen wir am meisten Müsli, Süßes und Quinoa (spezielles Getreide). Am wenigsten verkaufen wir Gewürze, Samen, Hülsenfrüchte und Getreide.

Wie nehmen Ihre Kunden die Tatsache an, dass sie für den Einkauf eigene Behälter mitbringen müssen? Werden diese öfter mal vergessen oder denken ihre Kunden in der Regel daran?

Unser Konzept basiert nicht darauf, dass Kunden ihre Behälter selbst mitnehmen müssen, weil wir wussten, dass es nicht funktionieren wird. Wir haben ein spezielles Pfandsystem, wodurch ca. 99,9% der Käufer mit unseren Behältern zum Einkaufen kommen und nur etwa 0,1% mit eigenen Behältern. Das funktioniert bisher sehr gut.

Wie sehen Sie die Entwicklung von Bulk Shopping in Deutschland. Denken Sie, dass sich dieser Trend flächendeckend durchsetzen kann? Oder sind Sie der Meinung, dass Bulk Shopping ein Nischentrend bleiben wird?

Das ist schwer zu sagen. In den USA ist Bulk Shopping sehr verbreitet, aber meiner Meinung nach auch Nische im Vergleich zum normal verpackten Bereich. Europa ist weit weg von den USA, von daher wird es noch sehr lange eine Nische bleiben. Bio ist ja auch noch immer Nische nach 30 Jahren Aufbauarbeit. Deshalb bin ich skeptisch. Einzelne Märkte können sich schon vervielfältigen und größer werden, aber es braucht mehr als nur verpackungsloses Einkaufen. Das Konzept muss einfach noch breiter sein.

9 Beantwortung der Forschungsfrage

Wie zu Beginn dieser Arbeit aufgezeigt wurde, hat die Abfallproblematik in den letzten Jahren in Deutschland stark zugenommen. Besonders die Menge des anfallenden Verpackungsmülls ist enorm. Verpackungen bringen zwar wesentliche Funktionen mit sich, die in vielen Bereichen unablässig sind, dennoch haben sie negativen Einfluss auf unsere Umwelt. Sie beinhalten gesundheitsschädliche Stoffe, die durch unsachgerechtes Entsorgen nach und nach freigegeben werden und somit in unserem Ökosystem landen. Besonders in der Lebensmittelindustrie, die eine der größten Industriezweige in Deutschland darstellt, spielen Verpackungen eine große Rolle. Nahezu jedes Produkt wird heutzutage verpackt, was nicht nur hygienische Gründe hat, sondern vor allem werbewirtschaftliche Zwecke erfüllen soll. Zudem unterliegt die Lebensmittelbranche einem stetigen Wandel. In den letzten Jahren gab es immer wieder neue Bewegungen in der Gesellschaft in Bezug auf die Ernährung. Die Menschen haben ein größeres Bewusstsein dafür entwickelt, was sie essen. Nun steht nicht mehr nur der Preis im Vordergrund, sondern vor allem die Qualität eines Produktes. Dadurch geht die Tendenz zu bewusster und gesunder Ernährung, woraus sich Trends wie „Veggies", „Sensual Food" oder auch „New Gardening" entwickelt haben. Hauptzielgruppe solcher Trends sind die LOHAS, deren Lebensstil vollständig auf ökologische und nachhaltige Kriterien ausgerichtet ist. Im Jahr 2011 zählten rund elf Millionen Menschen in Deutschland zu dieser Gruppe. Dadurch stellen sie eine besonders einflussreiche und attraktive Zielgruppe für die Wirtschaft dar. Seit ein paar Jahren gibt es in Deutschland einen neuen Trend, der noch relativ unbekannt, in den USA aber schon weit verbreitet ist: Die Trendbewegung „Bulk Shopping".

Wie im theoretischen Teil der Arbeit genau beschrieben wurde, ist Bulk Shopping eine Form des Einkaufens, bei der auf jegliche Art von Einwegverpackungen verzichtet wird. Dabei werden die Produkte in großen Behältern zum Selbstabfüllen in Mehrwegbehälter angeboten. Dadurch soll der bewusste Einkauf von Lebensmitteln ohne Verpackung vorangetrieben und Verpackungsmüll reduziert werden. Aus den theoretischen Grundlagen heraus, die in den ersten fünf Kapiteln beschrieben wurden, ergab sich schließlich folgende Forschungsfrage: Sind Verbraucher bereit, ihr Kaufverhalten zu ändern, um zu einer nachhaltigeren Konsumgesellschaft beizutragen und kann sich Bulk Shopping in Deutschland wirklich durchsetzen?

Um diese Forschungsfrage zu beantworten wurde in Kapitel sieben eine empirische Untersuchung durchgeführt, bei der mithilfe einer Umfrage Verbraucher gezielt zum Thema Bulk Shopping befragt wurden. Außerdem wurden Experteninterviews mit Personen geführt, die einen eigenen Bulk Shopping Laden besitzen bzw. leiten, um einen tieferen Einblick in die Praxis zu erhalten. Durch die Umfrage, an der 305 Personen teilgenommen haben, konnte herausgefunden werden, dass ein großes Interesse am Thema Nachhaltigkeit besteht und dass viele bereits nachhaltig handeln, um die Umwelt zu schonen. Außerdem zeigt sich eine hohe Bereitschaft beim Kauf von verpackungsfreien Lebensmitteln, wobei allerdings ein erhöhter Fahrt- und Kostenaufwand für viele nicht in Frage kommt. Auch müssten Bulk Shopping Laden in unmittelbarer Nähe sein, damit die Verbraucher dort einkaufen würden. Daraus lässt sich schließen, dass die Bereitschaft und das Interesse an einem nachhaltigen Lebensstil in der Gesellschaft zwar sehr groß ist, es an der Umsetzung allerdings oft scheitert. Für die meisten Konsumenten steht die Einfachheit und Unkompliziertheit im Vordergrund. Sie möchten keinen erhöhten Zeitaufwand für den Lebensmitteleinkauf betreiben und keine zusätzlichen Kosten in Kauf nehmen.

Um ein deutlicheres Bild von der praktischen Umsetzung eines Bulk Shopping Ladens zu erhalten, wurden Interviews zu diesem Thema mit Experten geführt. Es konnten drei Personen gefunden werden, die jeweils als Inhaber bzw. als Geschäftsführer eines Bulk Shopping Ladens fungieren. Alle drei Experten bestätigten, dass das Interesse an einem nachhaltigen Konsum sehr groß ist und das Konzept des Bulk Shoppings bei den meisten Kunden gut ankommt. Außerdem bestätigten sie die These, die bereits in der empirischen Untersuchung aufgestellt wurde, dass überwiegend Personen mit einem höheren Bildungsabschluss zum Kundenklientel gehören. Laut den Experten benötigen die Kunden eine gewisse Umgewöhnungsphase, um sich an die neue Form des Einkaufens anzupassen. Allerdings habe sich bei den Kunden, die regelmäßig zum Bulk Shopping kommen, das Mitbringen von eigenen Behältnissen schon automatisiert. Das zeigt, dass ein Teil der Konsumenten durchaus bereit ist, sein Kaufverhalten zu ändern und anderen Gegebenheiten anzupassen, um einen Beitrag zum Umweltschutz zu leisten. Bei der Frage, ob sich Bulk Shopping in Deutschland flächendeckend durchsetzen kann, waren sich alle Experten einig, dass die Ignoranz und Unwissenheit der Menschen, was das Thema Müll betrifft, noch sehr groß ist und dass Bulk Shopping deshalb vorerst ein Nischentrend bleiben wird. Es kann noch viele Jahre dauern, bis sich das Konzept in Deutschland verbreitet und irgendwann zum Alltag gehört, wie das in den USA bereits der Fall ist.

Aufgrund dieser Ergebnisse kann gesagt werden, dass die Konsumenten durchaus bereit sind, ihr Kaufverhalten zu ändern, um zu einem nachhaltigeren Konsum beizutragen. Dennoch wird Bulk Shopping in den nächsten Jahren definitiv ein Nischentrend bleiben, da die Tragweite der Müllproblematik und deren Folgen vielen Menschen nicht bewusst sind und für einen Großteil der Verbraucher Komfort und Einfachheit immer noch an erster Stelle stehen. Und dabei spielen Verpackungen nach wie vor eine große Rolle. Demzufolge kann es noch Jahre dauern, bis Bulk Shopping im Alltag und in den Köpfen der Verbraucher angekommen ist und sich auf das Kaufverhalten auswirkt.

10 Kritische Reflexion und Ausblick

Um die Arbeit abzurunden, wird an dieser Stelle eine kritische Betrachtung des gesamten Themas gegeben, um das Geschriebene zu reflektieren und aus verschiedenen Blickwinkeln zu betrachten. Außerdem wird am Ende noch ein Ausblick auf die Zukunft gegeben.

Abfallproblematik

Wie zu Beginn der Arbeit erklärt wurde, ist das Abfallaufkommen in Deutschland sehr groß. Im EU-weiten Vergleich produzieren wir sogar mehr Müll als der Durchschnittswert.[166] Allerdings muss dazu gesagt werden, dass in Deutschland die Mülltrennung und Müllverwertung auf einem sehr hohen Niveau ist.[167] Vergleicht man die Müllentstehung und -verwertung in Deutschland beispielsweise mit Rumänien, so fällt auf, dass Rumänien zwar ein niedrigeres Abfallaufkommen hat, der Müll dort aber zu 99% auf Mülldeponien landet und nur 1% recycelt wird. In Deutschland werden 45% des Mülls recycelt, 37% verbrannt und 17% kompostiert. Lediglich 1% des Mülls landet auf Mülldeponien.[168] Das zeigt, dass Deutschland, was die Müllverwertung angeht, anderen Ländern weit voraus ist und es einige Länder gibt, in denen die Müllproblematik noch viel größer ist und die demzufolge dringenderen Handlungsbedarf hätten. Dennoch sollte es in Deutschland weiterhin das Ziel sein, die Abfallmenge zu reduzieren. Das kann nur gelingen, wenn Politik, Industrie und Verbraucher sich dafür einsetzen.

Der Aspekt der Werbewirtschaft

Ein weiterer Aspekt, der bedacht werden muss, ist die Werbewirtschaft, die in Deutschland einen großen Industriezweig darstellt. Allein im Jahr 2014 wurden in Deutschland über 25 Milliarden Euro in Werbung investiert. Besonders an Bedeutung gewonnen hat in den letzten Jahren die digitale Werbung.[169] Insgesamt sind über 900.000 Arbeitnehmer in der kommerziellen Werbewirtschaft beschäftigt, wodurch diese einen sehr großen Arbeitsmarkt darstellt.[170] Wenn von nun an

---

[166] Vgl. Statistisches Bundesamt o.D. (online): Pressemitteilung

[167] Vgl. Thomé-Kozmiensky 2014: Verfahrenstechniken für das Recycling, S.1

[168] Vgl. Pattberg 2013 (online): Branche Kompakt

[169] Vgl. Zentralverband der deutschen Werbewirtschaft ZAW e.V. 2015 (online): Werbewirtschaft in Deutschland 2014

[170] Vgl. Zentralverband der deutschen Werbewirtschaft ZAW e.V. o.D. (online): Arbeitsmarkt Werbewirtschaft

jeder Supermarkt nur noch unverpackte Lebensmittel anbieten würde, würde dieser Industriezweig dadurch zumindest teilweise verloren gehen. Denn in der Lebensmittelindustrie wird vor allem auf den Produktverpackungen Werbung betrieben, die durch Bulk Shopping wegfallen würde.

Empirische Untersuchung

Auch die Empirische Untersuchung soll an dieser Stelle kritisch betrachtet werden, da mit 305 Teilnehmern nur eine kleine Stichprobe der Bevölkerung untersucht werden konnte. Für ein aussagekräftigeres und eindeutigeres Ergebnis müsste eine deutlich größere Zahl von Verbrauchern befragt werden und die Altersstruktur ausgewogener sein. Mittels der Online-Umfrage war es schwierig, ältere Personen zu erreichen, da diese oft kein Internet nutzen oder mit diesem nicht so vertraut sind. Hierfür wäre eine persönliche oder telefonische Befragung besser geeignet, was allerdings im Rahmen meiner Untersuchung nicht möglich war. Ebenso wurden hauptsächlich Personen aus dem süddeutschen Raum befragt, da die Umfrage überwiegend von den Studenten der Hochschule Neu-Ulm sowie von Freunden und Bekannten aus der Umgebung durchgeführt wurde. Um eine wirklich repräsentative Stichprobe der Deutschen Bevölkerung zu erhalten, müssten auch Verbraucher aus den anderen Regionen Deutschlands befragt werden. Deshalb bietet diese empirische Untersuchung zwar eine gute Übersicht über die Einstellungen der Konsumenten, für ein wirklich wissenschaftliches und aussagekräftigeres Ergebnis müsste allerdings eine deutlich größere und umfangreichere Befragung stattfinden.

Ausblick

Das Interesse an Nachhaltigkeit und das Bedürfnis, umweltbewusst zu handeln, haben in den letzten Jahren stark zugenommen. Besonders beim Lebensmittelkonsum sind Verbraucher sensibler geworden und wollen wissen, woher und aus welcher Erzeugung die Produkte stammen, die sie kaufen und konsumieren. Der Gesundheitsaspekt beim Lebensmitteleinkauf spielt mittlerweile bei vielen Verbrauchern eine wichtige Rolle. Diesen neuen Bedürfnissen zufolge entstehen immer öfter neue Trends, die sich in der Gesellschaft zum Teil sehr schnell verbreiten und die Masse erfassen. Auch Bulk Shopping ist eine dieser neuen Trendbewegungen, die momentan auf dem Vormarsch ist. Zwar ist Bulk Shopping in Deutschland noch relativ unbekannt, dennoch eröffnen immer mehr Läden, die genau diesem Prinzip folgen.

Wenn das Bewusstsein für Nachhaltigkeit und ökologisches Handeln in der Bevölkerung weiter steigt und die Abfallproblematik von der Mehrheit erkannt wird, stehen die Chancen gut, dass sich Bulk Shopping weiter ausbreiten und als Trend durchsetzen kann. Aber erst, wenn den Menschen bewusst wird, dass sie durch die Änderung ihres Kaufverhaltens nicht nur Müll reduzieren, sondern dazu beitragen, den Lebensraum für die nachfolgenden Generationen zu erhalten, wird verpackungsfreies Einkaufen in unserer Gesellschaft einen höheren Stellenwert einnehmen. Verdrängen oder ersetzen wird Bulk Shopping den verpackten Bereich aber nicht können.

Literaturverzeichnis

Print

Armellini, Doris; Huber, Thomas; Steinle, Andreas; Steinle, Franziska: Die Zukunft des Konsums – Wie Meta-Services die Wirtschaft umkrempeln, Frankfurt: Zukunftsinstitut GmbH, 2013

Greenpeace Magazin: Mindesthaltbarkeit von Plastikgegenständen, Heft 6.15, 2015, S. 25

Haderlein, Andreas; Mijnals, Patrick; Wenzel, Eike: Shopping Szenarien – Die neuen Sehnsüchte der Konsumenten, 1. Auflage, Kelkheim: Zukunftsinstitut GmbH, 2007

Huber, Thomas; Kelber, Cornelia; Kirik, Anja; Rützler, Hanni: Business – Der Wandel der Genusskultur, Kelkheim: Zukunftsinstitut GmbH, 2011

Hülter, Kornelia: Kommunale Wertstoffentsorgung ohne DSD: Der Gelbe Sack hat ausgedient, In: Thomé-Kozmiensky, K. J., 2014, 135 – 139

Kaßmann, Monika: Funktionen von Verpackungen, In: Thomé-Kozmiensky, K. J., 2014, 11 -18

Kirig, Anja; Rauch, Christian; Wenzel, Eike: Zielgruppe LOHAS – Wie der grüne Lifestyle die Märkte erobert, Kelkheim: Zukunftsinstitut GmbH, 2007

Klein-Reesink, Noel; Müller-Friemauth, Friederike: LOHAS: Mehr als Green-Glamour. Eine soziokulturelle Segmentierung, Heidelberg: Sociovision, Frankfurt/M.: KarmaKonsum, 2009

Probst, Thomas: Preisverfall auf dem Sekundärrohstoffmarkt – Konsequenzen für die Verpackungsverwertung? In: Wiemer, K.; Kern, M.; 2009, 25 – 33

Rützler, Hanni: Foodreport 2015, Frankfurt: Zukunftsinstitut GmbH, 2014

Schwartz, Barry: Anleitung zur Unzufriedenheit – Warum weniger glücklicher macht, 2. Auflage, Berlin: Econ Verlag, 2006

Schwartau, Silke; Valet, Armin: Vorsicht Supermarkt! Wie wir verführt und betrogen werden, Reinbek bei Hamburg: Rowohlt Taschenbuch Verlag, 2007

Sywottek Christian: Vom Gelben Sack ins Schwarze Loch, In: *Greenpeache Magazin*, 2015, Heft 6.15, S. 18 – 23

Thomé-Kozmiensky, Karl Joachim (Hrsg.): Entsorgung von Verpackungsabfällen, Neuruppin: TK Verlag, 2014

Thomé-Kozmiensky, Karl Joachim: Verfahrenstechniken für das Recycling, In: Thomé-Kozmiensky, K. J., 2014, 1 – 10

Waldbauer, Michael: Verpackungsabfälle im Hausmüll in der Europäischen Union und die Qualität ihrer Erfassung mit Getrenntsammelsystemen am Beispiel der Staaten Deutschland und Frankreich, Band 85, München: Industrieverlag GmbH, 2009

Wiemer, Klaus; Kern Michael (Hrsg.) [2009]: Verpackungsverwertung zwischen Anspruch und Wirklichkeit, 1. Auflage, Witzenhausen: Witzenhauseninstitut, 2009

Internetquellen

Balderjahn, Ingo; Glöckner, Alexandra; Peyer, Mathias: LOHAS im Kontext der Sinus-Milieus, 2013, Aufrufbar unter URL: http://www.lohas-magazin.de/wirtschaft/marketing/1757-lohas-im-kontext-der-sinus-milieus.html , letzter Zugriff am 28.01.2016

Bruns, Jan: Die fünf größten Online-Supermärkte im Test, 2013, Aufrufbar unter URL: http://www.welt.de/wirtschaft/webwelt/article121243051/Die-fuenf-groessten-Online-Supermaerkte-im-Test.html , letzter Zugriff am 29.02.2016

Bundesministerium für Umwelt, Naturschutz, Bau und Reaktorsicherheit: Aufkommen und Verwertung von Verpackungsabfällen in Deutschland im Jahr 2012, 2014, Aufrufbar unter URL: http://www.bmub.bund.de/fileadmin/Daten_BMU/Pools/Forschungsdatenbank/fkz_3713_33_310_verpackungsabfaelle_2012_bf.pdf , letzter Zugriff am 24.11.2015

Bundesvereinigung der Deutschen Ernährungsindustrie: BVE-Konjunkturreport Ernährungsindustrie 10-15 – Heißer August belebt Lebensmittelabsatz im Inland, 2015, Aufrufbar unter URL: http://www.bve-online.de/themen/branche-und-markt/branchenkonjunktur/pm-20151030-konjunkturreport, letzter Zugriff am 07.12.2015

Bundesvereinigung der Deutschen Ernährungsindustrie: Der deutsche Außer-Haus-Markt, o.D., Aufrufbar unter URL: http://www.bve-online.de/themen/branche-und-markt/ausser-haus-markt , letzter Zugriff am 20.12.2015

Bundesvereinigung der Deutschen Ernährungsindustrie: Jahresbericht 2014_2015, 2015, Abrufbar unter URL: http://www.bve-online.de/presse/infothek/publikationen-jahresbericht/jahresbericht-2015 , letzter Zugriff am 07.12.2015

Bundesvereinigung der deutschen Ernährungsindustrie: Konsumentenausgaben im Außer-Haus-Markt 2014, 2015, Aufrufbar unter URL: http://www.bve-online.de/themen/branche-und-markt/ausser-haus-markt/konsumentenausgaben-im-ausser-haus-markt-2014 , letzter Zugriff am 30.11.2015

Bund für Umwelt und Naturschutz Deutschland: Achtung Plastik – Chemikalien in Plastik gefährden Umwelt und Gesundheit, o.D., Aufrufbar unter URL: https://www.bund.net/fileadmin/bundnet/publikationen/chemie/1206 15_bund_chemie_achtung_plastik_broschuere.pdf , letzter Zugriff am 02.12.2015

Christiansen, Niels: LOHAS – eine nicht zu unterschätzende Verbrauchergeneration. In: Gründerszene, 2015, Aufrufbar unter URL: http://www.gruenderszene.de/allgemein/lohas , letzter Zugriff am 05.01.2016

delinero.de: Philosophie, o.D., Aufrufbar unter URL: https://www.delinero.de/ueber-delinero , letzter Zugriff am 29.02.2016

Dierig, Carsten; Fründt, Steffen: Verpackungsfrei Einkaufen? Nicht mit den Deutschen, In: *Die Welt*, 2014, Aufrufbar unter URL: http://www.welt.de/wirtschaft/article128454980/Verpackungsfreier-Einkauf-Nicht-mit-den-Deutschen.html , letzter Zugriff am 25.12.2015

Ehrenstein, Claudia: Zwischen legaler und illegaler Verbrauchertäuschung, In: *Die Welt*, 2013, Aufrufbar unter URL: http://www.welt.de/politik/deutschland/article118185317/Zwischen-legaler-und-illegaler-Verbrauchertaeuschung.html , letzter Zugriff am 01.01.2016

Endt, Christian: Verpackungsfrei einkaufen, 2014, Aufrufbar unter URL: http://www.zeit.de/wirtschaft/unternehmen/2014-04/lebensmittel-einzelhandel-konsum-nachhaltig , letzter Zugriff am 01.01.2016

Foodwatch: Was der Kunde nicht weiss... Der foodwatch-Verbraucherreport
2014, 2014, Aufrufbar unter URL:
https://www.foodwatch.org/uploads/media/2014-09-12_foodwatch-
Verbraucherreport_2014.pdf , letzter Zugriff am 20.12.2015

Hanack, Peter: Top-Ten der Täuschungen, 2013, Aufrufbar unter URL:
http://www.fr-online.de/lebensmittel/lebensmittel-luegen-top-ten-der-
taeuschungen,21868140,24279208.html , letzter Zugriff am 29.02.2016

Horx, Matthias: Trend-Definition, 2010, Horx Zukunftsinstitut GmbH, Aufrufbar
unter URL: http://www.horx.com/zukunftsforschung/Docs/02-M-03-
Trend-Definitionen.pdf , letzter Zugriff am 26.12.2015

Illinger, Patrick: Luxusgut Benzin, In: Süddeutsche, 2010, Aufrufbar unter URL:
http://www.sueddeutsche.de/wissen/erdoel-wird-knapp-luxusgut-
benzin-1.154334 , letzter Zugriff am 21.11.2015

imug Konsumstudie: Nachhaltiger Konsum: Schon Mainstream oder noch Nische?, 2014, Aufrufbar unter URL: http://nh.rewe-
group.com/fileadmin/content/Downloads/Nachhaltigkeit/imug_REWE-
Studie_gesamt_2014_12_11.pdf , letzter Zugriff am 10.01.2016

Kreislaufwirtschaftsgesetz: § 23 Produktverantwortung, 2012, Abrufbar unter
URL: http://www.gesetze-im-internet.de/bundesrecht/krwg/gesamt.pdf ,
letzter Zugriff am 24.11.2015

Kröger, Michael: Laden ohne Verpackungsmüll: Ich pack′ das, In: Spiegel Online,
2014, Aufrufbar unter URL:
http://www.spiegel.de/wirtschaft/unternehmen/unverpackt-in-berlin-
verkauft-ein-laden-waren-ohne-verpackung-a-991768.html , letzter Zugriff am 01.01.2016

Küveler, Jan: Überangebot macht den Menschen unglücklich, In: Die Welt, 2012,
Aufrufbar unter URL:
http://www.welt.de/kultur/literarischewelt/article106182343/Ueberan
gebot-macht-den-Menschen-ungluecklich.html , letzter Zugriff am
18.12.2015

Landesamt für Natur, Umwelt und Verbraucherschutz Nordrhein-Westfalen:
Produktverantwortung, o.J., Aufrufbar unter URL:
http://www.lanuv.nrw.de/umwelt/abfall/abfallvermeidung-und-
recycling/produktverantwortung/ , letzter Zugriff am 20.11.2015

Lenz, Sabine: Auf „Lohas" folgt „Parkos", 2009, Aufrufbar unter URL:
http://www.utopia.de/magazin/der-markt-bewegt-sich-auf-lohas-folgt-parkos , letzter Zugriff am 09.01.2016

Lexikon der Nachhaltigkeit: LOHAS, 2015, Aufrufbar unter URL:
https://www.nachhaltigkeit.info/artikel/lohas_1767.htm , letzter Zugriff am 09.01.2016

NABU - Naturschutzbund Deutschland e.V.: Nachhaltigkeit beim Kauf von Obst und Gemüse, 2014, Aufrufbar unter URL:
https://www.nabu.de/downloads/NABU_Umfrage%20Obst_Gemuese.pdf, letzter Zugriff am 10.01.2016

NABU - Naturschutzbund Deutschland e.V.: Plastikmüll und seine Folgen, o.D., Aufrufbar unter URL: https://www.nabu.de/natur-und-landschaft/meere/muellkippe-meer/muellkippemeer.html , letzter Zugriff am 13.12.2015

NABU - Naturschutzbund Deutschland e.V.: Unverpackt einkaufen – Unser Einkauf muss verpackungsärmer werden, o.D., Aufrufbar unter URL:
https://www.nabu.de/umwelt-und-ressourcen/ressourcenschonung/einzelhandel-und-umwelt/nachhaltigkeit/19107.html , letzter Zugriff am 07.01.2016

o.A.: Bulk Shopping bei Tante Emma, In: EatSmarter, 2015, Aufrufbar unter URL: http://eatsmarter.de/blogs/food-trends/bulk-shopping-bei-tante-emma , letzter Zugriff am 22.12.2015

o.A.: Mogelpackungen: Tricksereien mit viel Luft und doppeltem Boden, In: Verbraucherzentrale, 2015, Aufrufbar unter URL:
http://www.lebensmittelklarheit.de/informationen/mogelpackungen-tricksereien-mit-viel-luft-und-doppeltem-boden , letzter Zugriff am 01.01.2016

o.A.: Öko trifft Convenience – Wie wir uns in Zukunft ernähren werden. In: Handelsblatt, 2013 Aufrufbar unter URL:
http://www.handelsblatt.com/technik/das-technologie-update/healthcare/oeko-trifft-convenience-das-kochen-2-0/9264746-2.html, letzter Zugriff am 07.01.2016

o.A.: Plastikfreie Läden: Einkaufen ohne Verpackungsmüll, In: Utopia, 2015, Aufrufbar unter URL: http://www.utopia.de/magazin/plastikfreie-laeden , letzter Zugriff am 30.12.2015

o.A.: Regionale Lebensmittel, In: verbraucherzentrale.de, 2015, Aufrufbar unter URL: https://www.verbraucherzentrale.de/regionale-lebensmittel , letzter Zugriff am 01.03.2016

o.A.: Supermärkte verkaufen Ware ohne Verpackung, In: Der Westen, 2014, Aufrufbar unter URL: http://www.derwesten.de/panorama/neue-supermaerkte-verkaufen-ware-nur-ohne-verpackung-id9336862.html , letzter Zugriff am 31.12.2015

o.A.: Unilever kritisiert Aldi, Lidl und Co, In: Handelsblatt, 2015, Aufrufbar unter URL: http://www.handelsblatt.com/unternehmen/handel-konsumgueter/preiskampf-im-einzelhandel-unilever-kritisiert-aldi-lidl-und-co-/12079182.html , letzter Zugriff am 07.12.2015

o.A.: Weniger Verpackungsmüll – Bioladen erweitert Sortiment an offenen Produkten, In: Süddeutsche, 2015, Aufrufbar unter URL: http://www.sueddeutsche.de/muenchen/freising/freising-weniger-verpackungsmuell-1.2683000 , letzter Zugriff am 22.12.2015

o.A.: Wie wir morgen essen werden, In: zunkunftsinstitut.de, 2014, Aufrufbar unter URL: https://www.zukunftsinstitut.de/artikel/wie-wir-morgen-essen-werden/ , letzter Zugriff am 01.02.2016

o.A.: Winzige Plastikteilchen verunreinigen Trinkwasser, In: welt.de, 2013, Aufrufbar unter URL: http://www.welt.de/wirtschaft/article121988847/Winzige-Plastikteilchen-verunreinigen-Trinkwasser.html , letzter Zugriff am 13.12.2015

Oberhofer, Petra: LOHAS – Eine Zielgruppe mit hohen Ansprüchen. In: Business Wissen, 2011, Aufrufbar unter URL: http://www.business-wissen.de/artikel/lohas-eine-zielgruppe-mit-hohen-anspruechen/was-die-lohas-gruppe-auszeichnet/ , letzter Zugriff am 05.01.2016

Paßmann, Mike: Ein Alleskönner zieht die Blicke auf sich, 2014, Aufrufbar unter URL: http://www.verpackung.org/fileadmin/dok-pool/dvi/newsletter/2014/Referenz_VdZ_0214.pdf , letzter Zugriff am 12.12.2015

Pattberg, Annika: Branche kompakt - Recycling- und Entsorgungswirtschaft - Rumänien, 2013, Aufrufbar unter URL: http://www.gtai.de/GTAI/Navigation/DE/Trade/Maerkte/Branchen/Branche-kompakt/branche-kompakt-recycling-und-entsorgungswirtschaft,t=branche-kompakt--recycling-und-entsorgungswirtschaft--rumaenien-2013,did=891164.html , letzter Zugriff am 23.02.2016

Petermann, Anke: Kommt nicht in die Dose, In: Deutschlandfunk, 2015, Aufrufbar unter URL: http://www.deutschlandfunk.de/einkaufen-ohne-verpackung-kommt-nicht-in-die-dose.697.de.html?dram:article_id=317818 , letzter Zugriff am 02.01.2016

PricewaterhouseCoopers AG: Verpackungsfreie Lebensmittel – Nische oder Trend?, 2015, Aufrufbar unter URL: https://www.pwc.de/de/handel-und-konsumguter/assets/pwc-verpackungsfreie-lebensmittel.pdf , letzter Zugriff am 10.01.2016

regional-und-unverpackt.de: Unser Team. o.D. Aufrufbar unter URL: http://regional-und-unverpackt.de/unser-team/ , letzter Zugriff am 16.02.2016

Rützler, Hanni: Food Report 2016, 2015, Aufrufbar unter URL: https://www.zukunftsinstitut.de/fileadmin/user_upload/Publikationen/Leseproben/Foodreport2016_Leseprobe.pdf , letzter Zugriff am 29.12.2015

Schulte, Julia: „Original Unverpackt": Supermarkt ohne Verpackungen eröffnet in Berlin, In: Wirtschaftswoche – Green Economy, 2014, Aufrufbar unter URL: http://green.wiwo.de/original-unverpackt-supermarkt-ohne-verpackungen-eroeffnet-in-berlin/ , letzter Zugriff am 31.12.2015

Schulz, Corina: Verpackung und Müllvermeidung, 2013, Aufrufbar unter URL: http://www.konsum-welt.de/fileadmin/dateiupload/KonsUmwelt/Bildungsmappe_III_Verpackung_und_Muellvermeidung.pdf , letzter Zugriff am 01.12.2015

sinus-institut.de: Sinus-Milieus Deutschland, o.D., Aufrufbar unter URL: http://www.sinus-institut.de/sinus-loesungen/sinus-milieus-deutschland/ , letzter Zugriff am 28.01.2016

Spiller, Achim; Zühlsdorf, Anke: Trends in der Lebensmittelvermarktung, 2012, Aufrufbar unter URL: http://www.vzhh.de/ernaehrung/229080/Lebensmittelvermarktung_Marktstudie_2012.pdf , letzter Zugriff am 07.12.2015

Stadtanzeiger Borken: Nachhaltig Einkaufen? Natürlich Unverpackt!, 2015, Aufrufbar unter URL: https://www.stadtanzeiger-borken.de/region/freizeit/anja-minhorst-hat-ihren-natuerlich-unverpackt-laden-im-november-eroeffnet-m9776,5690.html , letzter Zugriff am 04.02.2016

Statistisches Bundesamt: Konsumausgaben, 2011, Aufrufbar unter URL: https://www.destatis.de/DE/ZahlenFakten/GesellschaftStaat/EinkommenKonsumLebensbedingun-gen/Konsumausgaben/Tabellen/PK_NGT_EVS.html , letzter Zugriff am 25.01.2015

Statistisches Bundesamt: Pressemitteilung, 2015, Aufrufbar unter URL: https://www.destatis.de/DE/PresseService/Presse/Pressemitteilungen/2015/12/PD15_467_321pdf.pdf?__blob=publicationFile , letzter Zugriff am 30.12.2015

Statistisches Bundesamt: Pressemitteilung, o.D., Aufrufbar unter URL: https://www.destatis.de/Europa/DE/Thema/UmweltEnergie/Abfallaufkommen.html , letzter Zugriff am 16.11.2015

Strauß, Stefan: „Wir produzieren viel zu viel Verpackungsmüll", In: Berliner Zeitung, 2014, Aufrufbar unter URL: http://www.berliner-zeitung.de/berlin/verpackungsfreie-supermaerkte--wir-produzieren-viel-zu-viel-verpackungsmuell-,10809148,27186380.html , letzter Zugriff am 04.02.2016

Umweltbundesamt: Biokunststoffe nicht besser, 2012, Aufrufbar unter URL: https://www.umweltbundesamt.de/presse/presseinformationen/biokunststoffe-nicht-besser , letzter Zugriff am 21.11.2015

Umweltbundesamt: Meere ohne Plastik, 2013, Aufrufbar unter URL: https://www.umweltbundesamt.de/das-uba/was-wir-tun/foerdern-beraten/verbaendefoerderung/projektfoerderungen-projekttraeger/meere-ohne-plastik , letzter Zugriff am 21.11.2015

Umweltbundesamt: Verpackungen, 2015, Aufrufbar unter URL: https://www.umweltbundesamt.de/themen/abfall-ressourcen/produktverantwortung-in-der-abfallwirtschaft/verpackungen , letzter Zugriff am 01.12.2015

Umweltbundesamt: Verpackungen überall, 2015, Aufrufbar unter URL: https://www.umweltbundesamt.de/daten/abfall-kreislaufwirtschaft/entsorgung-verwertung-ausgewaehlter-abfallarten/verpackungsabfaelle , letzter Zugriff am 12.12.2015

Umweltbundesamt: Verpackungsabfälle, 2015, Aufrufbar unter URL: https://www.umweltbundesamt.de/daten/abfall-kreislaufwirtschaft/entsorgung-verwertung-ausgewaehlter-abfallarten/verpackungsabfaelle , letzter Zugriff am 17.11.2015

unverpackt-einkaufen.de: Was ist Bulk Shopping?, 2015, Aufrufbar unter URL: http://www.unverpackt-einkaufen.de , letzter Zugriff am 17.11.2015

Von Bremen, Leonie: Hüllenloser Einkauf in Kiel, In: Lebensmittelzeitung, 2015, Aufrufbar unter URL: http://www.lebensmittelzeitung.net/handel/Huellenloser-Einkauf-in-Kiel-110290?crefresh=1 , letzter Zugriff am 17.11.2015

Wittchen, Wolfgang: Einmal ohne, bitte! In: Freie Presse, 2015, Aufrufbar unter URL: http://www.freiepresse.de/RATGEBER/EINKAUFEN/Einmal-ohne-bitte-artikel9108364.php , letzter Zugriff am 02.01.2016

Zentralverband der deutschen Werbewirtschaft ZAW e.V.: Werbewirtschaft in Deutschland 2014, 2015, Aufrufbar unter URL: http://www.zaw.de/zaw/branchendaten/werbewirtschaft-in-deutschland-2014/?navid=300392300392 , letzter Zugriff am 23.02.2016

Zentralverband der deutschen Werbewirtschaft ZAW e.V.: Arbeitsmarkt Werbewirtschaft, o.D., Aufrufbar unter URL: http://www.zaw.de/zaw/branchendaten/arbeitsmarkt-werbewirtschaft/ , letzter Zugriff am 23.02.2016

zerowastelifestyle.de: Verpackungsfreie Supermärkte, o.D, Aufrufbar unter URL: http://www.zerowastelifestyle.de/wie-gehts/lebensmittel-einkaufen/einkaufen/ , letzter Zugriff am 31.12.2015